讓資深工作者邁入**職涯高原期**，仍然**維持競爭力**的職場智慧

除了經驗，我們還剩下什麼？

奇普．康利 *Chip Conley* 著　吳慕書 譯

wisdom at work

The Making of a Modern Elder

CONTENTS
目錄

CONTENTS

目錄

前言

Airbnb 共同創辦人兼執行長布萊恩．切斯基（Brian Chesky）

你若想了解奇普．康利這個人和他在 Airbnb 內部擔綱所謂「斜槓樂齡族」的角色，讓我先分享 Airbnb 寒酸創業的故事。

二〇〇七年十月，喬．傑比亞（Joe Gebbia）和我是同住在舊金山勞許街（Rausch Street）公寓的室友。房東調漲租金，我們面臨幾乎快被掃地出門的命運。當時舊金山正好舉辦一場設計大會，我們注意到飯店房間早已預訂一空，當下靈機一動，何不乘機出租我們的空房撈一筆民宿財？

仗著衣櫃裡還有三張備用氣墊床，我們決定提供參加大會的成員附帶早餐的短宿方案。我們找來第三名共同創辦人奈森．布雷卡齊克（Nathan Blecharczyk），一起架設網站 Airbedandbreakfast.com，它就是當今世人熟知的 Airbnb 前身。我們當然從未多想這個點子會發展至今日規模。

本書出版之際，Airbnb 已經寫下造訪人次衝破三億五千萬、橫跨超過一百九十一個國家的紀錄。我們的社群現在提供四百多萬個短宿家庭，這個數字遠多於前全球五大連鎖飯店的總和。所有來自世界各個角落的遊客造訪每一個短宿家庭時都會感覺，無論置身何處總是賓至如歸。

「無論置身何處總是賓至如歸」，其實是一道經過強力設計的悖論，也是推動 Airbnb 進步的使命。找到歸屬感是一種放諸四海皆準的需求，體會歸屬感最簡單的做法就是思考被接納的感覺。「無論置身何處」實際上有兩種意涵。淺顯的意義是，無論何處都能提供歸屬感，亦即你可以在全球超過六萬五千座城市、村莊和部落找到提供宿房的 Airbnb 家庭；但是，「無論置身何處」還有另一道深層含意，最好的思考角度是「置身任何與你本身這個元素無關的地方」，亦即你未曾造訪之地。我們的信念就是，當你置身任何與你本身這個元素無關的地方，就會成就最好的你。

這是旅遊界的一大變革，也是 Airbnb 存在的原因。

且讓我們回顧二〇一三年，當時我與奇普第一次會面，Airbnb 剛起步沒多久。雖然我們已經協助近四百萬名旅客安置在全球各地宿房中，多數人仍依然視我們為科技公司。但是喬、奈森和我知道，我們還有很多產品想要提供給客戶——Airbnb不只是一家專做民宿生意的公司，而是預見一個可以幫助他人的社群；不只是找到留宿據點，更是協助找伴一起到他想去的地方旅遊。換句話說，我們想提供一套從頭統包到尾的完整旅遊方案。我們實際上販售的產品是待客之道，唯一問題是當時我們尚未完全理解何謂待客之道。

所以，我使出每次我想學習新事物時的招數：找出業界頂尖高手，垂詢對方是否願意提供建言。

我們最初想要拓展Airbnb的國際業務時，曾向社群網站龍頭臉書（Facebook）營運長雪柔・桑德伯格（Sheryl Sandberg）請益；產品設計有蘋果（Apple）資深副總裁強尼・艾夫（Jony Ive）提供寶貴見解；當我想要通盤想透企業文化，中央情報局（CIA）前總監喬治・特奈（George Tenet）接聽我的來電並提供他的建議。

每當談到真心奉獻餐旅服務業的全球權威，我總是一遍又一遍聽到對方提起奇普・康利這個大名。

我聽說，奇普是精品飯店破壞王，擔任裘德威旅館集團（Joie de Vivre Hospitality）執行長二十四年間，一路緊盯超過五十間精品飯店創建、管理的過程。裘德威是他一手打造的事業，當年他的年紀約莫和我們創立 Airbnb 時相當。我們倆第一次會面是在二〇一三年初，他在我們的總部為員工來一場非正式談話。我聽著他娓娓道來如何將美國人本心理學家馬斯洛（Abraham Harold Maslow）的需求層次理論套用在餐旅服務業，到他深刻理解神話學大師喬瑟夫・坎伯（Joseph Campbell）革命性的說故事手法，當下便知他的專業知識無比珍貴。

於是，晚餐過後我隨著奇普進入他家，成功說服他成為 Airbnb 的兼任顧問，過沒多久再奉上全球餐旅與策略部門主管（Head of Global Hospitality and Strategy）大位。我知道，他可以協助我們公司轉型成我預見的國際飯店品牌，但除此之外，我們也互享共同信念，亦即可以善用數百萬名微型企業家的力量，從中學習成為好主人並建立待客之道的全新標準。

說真格的，在早期我們 Airbnb 內部其實認定待客之道是「不入流」的老哏。飯店業者才講那一套，因為所有房客都被稱為「先生」、「女士」，每一樣服務都要花鈔票，而不是搏感情。

奇普協助我們理解，Airbnb 可以走截然不同的新形式。我們的房宿主人會親暱地以名字稱呼房客。供人留宿的房舍與空間並不能創造歸屬感，只有人際之間的互動才能。Airbnb 的房宿主人邀請房客登堂入室，更進一步認識他們的房客、傾聽他們的故事，甚至還可能發展成終身朋友，這才是真實體現待客之道。

奇普也引領喬、奈森和我體會史丹佛大學的卡蘿・杜維克博士（Carol Dweck）所稱「成長心態」的威力。這是一種藉由好奇心鏡頭窺看世界的做法，你會看到風險與想像力合而為一，進而開啟各種全新的可能性。Airbnb的核心價值之一就是「擁抱冒險」，這一點絕非巧合；反之，我們許多人經常囿於僵固的思維方式，我們改變的能力、透析解決問題之道的程度也因此受到限制。不過，奇普邀請我們親眼見證，體驗驚奇和驚喜永遠都是旅者尋求的基本渴望，他也因此教會我們以源源不絕、永無止境的好奇心發展待人之道。

不過或許最重要的一點是，奇普始終如一地展現斜槓樂齡族的互惠力量。他很肯定，我們每個人都有故事可以與他人分享，也都能從他人身上學到智慧。亦即，如果我們願意花時間相互連結，隨時隨地都能向任何人學習。對我來說，歸屬之地無所不在，沒有哪一點比這門課更重要，或是更能清晰說明Airbnb的使命。

你決定閱讀本書，就和我以前經常拿起電話打給同事或真心相信的顧問毫無二致。就學習如何培養初學者心態與能力，讓他們可以學習、成長，並成為足以發揮終身經驗的睿智顧問而言，奇普將是你的明燈。

他會告訴你，智慧與年齡無關，卻與方法息息相關；他會教你，當你敞開雙眼、耳朵與心靈就會發現，每個人都有值得一聽的故事。

還有，假若你看得夠仔細，有一天你的故事也能幫助別人寫他們的故事。

第1章 你的熟年價值急速增值中

「我們人類不是靠肌肉、速度或四肢發達成就偉業，而是深思熟慮、性格力量與判斷力。就這些特質的品質而言，通常老人家非但沒有比較貧瘠，反而更富有。」

——古羅馬哲學家西塞羅（Cicero，西元前一百零六年至四十三年）

∵「你到底在這裡幹麼?!」

二〇一六年五月某天，我正打算走上墨西哥圖倫市（Tulum）一場活動的演講台那一刻，身高一九五公分的巨人伯特・賈克伯（Bert Jacobs）對著我咆哮。伯特是我的好友，經常在創業演講大會上不期而遇；他和胞弟一同創辦服飾生活公司生活真美好（Life is good）。我倆參加當地洋溢著理想創業情懷的全球部落活動「峰會」（Summit），同時還是年紀偏高的講者。當時我五十五歲，可能是與會者的平均年齡再加個二十四歲左右；伯特也才小我四歲。我進入 Airbnb 已逾三年，協助三位千禧世代創辦人導引成長快如火箭的經營業務，這是閉關作戰以來首次「出場」演講，聚焦在當今這個追捧青年的世界裡，身為「斜槓樂齡族」有何意義。

伯特的直白質疑讓人略覺冒犯、困惑，卻不失為一塊試金石，探測我們對於年齡的巨大矛盾情結。置身這麼一個肉毒桿菌在矽谷已和好萊塢一樣受歡迎的年代，我幹麼還要主動大步躍上講台，吸引各方關注我這把茫茫人海中的老骨頭呢？同時我也意識到，伯特的問題表面上看似半問半疑，但潛藏著更緊迫的另一個問題：我們和年齡究竟是有什麼過節嗎？

我在五十歲生日前夕賣掉了心肝寶貝。這麼說不盡然正確，不過，與自己一手創辦並苦心經營二十四年的精品飯店集團分道揚鑣，這種說法毋寧是我的心聲。金融海嘯重創我的財務和心靈，很顯然當時我已經做好改變的心理準備。我五十歲之初壓根還不打算退休，卻發現自己一時之間毫無著落。也就是說，直到 Airbnb 的少年執行長布萊恩．切斯基找上門來，我勇闖新世界的奧德賽之旅於焉開展，讓我運用過往在這個大千世界所累積的智慧。不過它也提醒我，自己竟然這麼生嫩、好奇。

往後章節我會多加著墨這段歷程，還會奉上更多激勵人心的真人故事，他們不僅是奮力倖存，更在職涯後期飛黃騰達。好比一名女教師自我改造成為一名企業家，並在年近半百時開辦一間生意興旺的旅行社；也有五十歲出頭軟體工程師放棄編碼工作，搖身一變成為矽谷的領導力教練，回頭輔導起同事；或者是七十歲的前金融機構美林（Merrill Lynch）高階主管正和撰寫回憶錄的苦差事纏鬥時靈光乍現，改去當起製藥大廠的暑期實習生，和在校生打成一片。

你不用年屆五十也可以發現，這本書意義重大。在許多企業裡，權力正往下傳遞到年輕人手中，我們自覺「老了」的歲數也正不知不覺往下延伸到三十多歲的族群。在一個「軟體吞噬全世界」的時代，科技不僅顛覆計程車與飯店業，實際上更破壞各行各業，結果是越來越多企業持續網羅年輕員工，並將高數位商數（digital intelligence）置於所有技能之上。這種做法的問題在於，許多年輕的數位領袖坐上權力高位，管理正迅速擴張的公司或部門，但他們竟然毫無經驗、缺乏指導。

然而，就在同一時間也可看見一個身懷珍貴技能的資深勞動力世代，擁有高情緒智商（emotional intelligence，EQ）、數十年經驗、專業知識與人脈網絡蓄積的良好判斷力，種種足以和雄心萬丈的千禧世代並肩作戰，共創永續發展的事業。諷刺的是，當科技越來越無所不在，數位商數就越來越無法扮演差異化的關鍵。編碼技能或許可以商品化，但有一樣東西是絕對無法自動化或是交由人工智慧（artificial intelligence，AI）代勞，那就是商業世界裡「人類」這個元素。你或許不是軟體開發人員，卻可能是軟實力開發人員，這才是未來組織中最重要的技能。

無論這是你職涯的第二、第三還是第四春，本書揭櫫的原則和實踐將告訴你，如何善用你的技能與經驗，不只讓自己占據重要地位，更是現代職場不可或缺的人才。現在這個世界比以往任何時候都更需要你的智慧。

:· 你的熟年價值何在？

昨天，我和一名五十七歲的傢伙一起在床上醒來，更讓人苦不堪言的是，他還現身在浴室裡的鏡子中，與我大眼瞪小眼（這段文字仿自婦女解放運動代表人物葛羅莉亞·史坦能[Gloria Steinem]）。我自覺像個十七歲青少年，但只消看一眼狀有歸色的五十七歲大叔身形，無論是反射在鏡面或出現在好友臉書頁面照片中，都是難以入喉的苦酒。但奇怪的是，五十至六十歲這段時光竟然是我個人最愜意的十年，我正享受這輩子的「晚年清福」：玩衝浪，似乎還夠年輕；解世事，算是箇中老手。

蘿拉・卡斯滕森博士（Dr. Laura Carstensen）是史丹佛大學長壽中心創始主任，她說，當時間範圍受限，我們會優先考慮當下。據此比對後，她驚訝地發現，古稀之年的族群通常比五十、四十甚至三十歲族群更快樂、更滿意生活。人到中年就可能會動手扼殺常困內心的野獸，並療癒年輕時代留下的許多傷口。各種幸福感調查都顯示，成年人的滿意度呈現U型曲線——年輕時總是滿懷興奮地憧憬人生；二十六歲至三十多歲時幸福感開始下降，因為那段時期朋友、家庭、新生兒、財務等責任全都亂成一團，稍微留點時間給自己還會造成負面影響。我們在四十歲至五十歲之間開始遭逢中年失望期，幸福感跌至谷底，有人會因此敗家買新跑車，也有人婚姻破裂。

然後，你跨過半百界線，猶如天降奇蹟一般，過去十年你殷殷期盼的重新來過、重新安排優先順序，都讓你終於感覺生活比較好過了。你好不容易享受到一路以來積累的所有信心、勇氣和爆笑的幽默感；經過數十年盡力周旋於各種局面後，內心的平靜也開始漸漸浮現；你感覺到，忠於自我的能耐正逐日增強。所以說，能活到這把年紀真是太棒了！不過，正當U

型曲線引領我們走在右側上升趨勢，腦中還是會冒出小小的聲音（在此即將呼應美國金融家伯納德・巴魯克 [Bernard M. Baruch] 的名言）低語：「比我年長十五歲的人，才稱得上是老一輩。」因此，這就是伯特的反應。我們不曾同時感覺這麼年輕又如此老邁。

我們可以別過臉不去看鏡中的自己，也可以把臉書照片「去標記」，但是社會有一種不可思議的方式提醒我們真實年齡。越來越多的人害怕存在感逐日消退，另外也有人覺得自己像是過期的牛奶盒，滿布皺紋的額頭被誤貼保存期限。我們這個時代有一套奇怪的理論：嬰兒潮世代比以往任何時候都更健康、有活力，而且工作時限更長，但他們卻自覺越來越不重要。我們有正當理由擔心，老闆或潛在雇主可能把經驗連同隨之而來的年資，都視為負債而非資產。科技業尤其如此，但我有點意外地發現，自己卻在這裡開創第二春。

但我們這些「有一定年紀」的員工，事實上不太能被定位成酸臭的牛奶，反而比較像是某一支特別葡萄品種的絕味佳釀。特別是在數位時代，尤其是在科技領域，這一行「年輕等於創新」已經變成名滿天下的認知，而且毒性企業文化、人資地獄也如同魯莽暴衝的二十多歲執行長一樣惡名遠播，直到最終企業與投資人大夢初醒，發覺自己大可揮灑一點點謙卑、EQ和隨著年齡增長而來的智慧。在本書，我將主張，我們這些有一把年紀的員工肚子裡是真有實料可以貢獻，特別是在此時此刻。

我們可能比父母那一輩多活十年，甚至多做二十年工，但權力卻下放到少我們十歲的世代手中。倘若我們這些資深員工沒能重新思考自身定位，這股趨勢可能推著我們掉進一段長達十年的「零存在感鴻溝」。我們若想免淪「嬰兒潮世代焦慮」命運，就要明智地囤積好酒，這樣它才不會發酸。好酒的精妙之處不在於年分，而在於保存、品飲方式與舉杯的原因。

∵數位時代需要老人家嗎？

最近我的 iPhone 有點秀逗，有一個小時突然人間蒸發，因此連續幾天它顯示的時間都比我的筆電晚一小時。這項技術大烏龍不僅影響我，成千上萬名 iPhone 用戶都因這個出包軟體錯過班機與約會。我記下這一筆，以便未來證明，蘋果內部這些平均年齡僅三十一歲的數位大佛們正花招百出地精心安排我們的生活。我連上慣常搜尋的 Google 找答案，想看看我能否找出解方，幫我的手機撥快一小時。這家企業的平均年齡是三十歲，但它教我的關機重開無法解決問題，所以我又轉向臉書這個老去處，向親友團尋求幫助；這家企業的員工平均年齡是二十八歲。

美國全體員工的平均年齡是四十二歲，但這些科技大廠還要再年輕十歲以上。《哈佛商業評論》（Harvard Business Review）曾發表一項研究顯示，年輕、預估市值超過十億美元的民營獨角獸企業創辦人平均年齡三十一歲、執行長四十一歲；相較之下，標準普爾五百大企業（S&P 500）執行長平均年齡則為五十二歲。所以說，企業內部的權力不只是短少一小時，根本就是失落十到二十年。就體能而言，六十歲或許可能是新四十歲，但就權力而言，三十歲就是新五十歲了！

在許多文化中，傳承智慧曾經是珍貴的部落傳統，但時至今日，我們許多人都害怕它可能就像放屁一樣尋常了。在古騰堡（Gutenberg）印刷時代來臨前，老一輩就是當地文化保存者，也是藉由傳誦神話、故事與歌謠保存生存和交流之道的媒介。在一個因應變化反應遲緩的經濟體中，老一輩的實務經驗與體制知識始終對年輕人意義重大。

創新加速已讓老一輩顯得無足輕重，讀寫能力則意指社會不再單單依賴老人家的記憶和口述傳統分享智慧；從農業升級成工業經濟，意味著古老的農耕傳統已被機器時代的技術效率所取代。此外，年輕人開始離鄉背井轉戰城市，再加上十九世紀下旬大量年輕歐洲人口移民美國，在缺乏父母智慧指引人生道路的情況下開創自己的生活。

從工業快步進入科技時代的過程中，發展出對數位原住民的強烈偏好，這群人理解小裝置和十億位元組的程度，遠高於那些在兒童成長時期無緣從蘋果產品接收「位元組」知識的人。數位時代瞬息萬變，多數企業坦承自家的數位商數實際上正節節下降，進而引發董事會瀰漫一股必須跟上時代腳步的焦慮。執行長們擔憂競爭對手更年輕、數位能力更聰敏，因此夜不成眠。根據資誠聯合會計師事務所（PricewaterhouseCoopers，PwC）資料顯示，二〇一六年至二〇一七年，企業自認為擅長駕馭科技，而且能從中獲利的比率已從六七％降至五二％，因此老是覺得別家企業的處境比自家好。這種心態加劇爭聘年輕人才的熱潮，尤其獨愛那些還沒呱呱墜地家裡就已經有iPad，並在即時通訊軟體閃聊（Snapchat）開通帳戶的世代。

只不過，我們許多人都覺得自己還在長大，而不是變老。有沒有什麼方法讓我們可以融入其中，培育年輕人的大腦，就像往昔的老農栽培新穀一樣？要是有一種全新、現代化的老齡期原型，好讓一個人可以像戴上徽章那樣感到光榮而非蒙上羞愧，情況會怎樣？要是我們可以將專業知識、人脈轉化成職場所需的資產，而非負債，情況又會怎樣？職場中的世代遠比以往多，老一輩有滿肚子寶想要傳承給年輕人，包括那些自身培育技能、好在未來有所成就的高手。

或許老一輩能夠提供更高層次的領導力，畢竟老鳥通常比菜鳥明智。要是斜槓樂齡族將成為高瞻遠矚的未來企業秘密武器，情況會怎樣？

:· 現代熟齡智慧

不是每一瓶陳年紅酒都產於優質年分，同理，你也不會單單徒增年歲就變得更明智。德國馬克斯普朗克協會人類發展教育研究中心（Max Planck Institute for Human Development）的保羅·鮑爾茲（Paul Baltes）、烏蘇拉·史陶丁格（Ursula Staudinger）全面研究後發現，年齡與智慧之間一般相關性在二十五歲至七十五歲之間大致為零。雖然數據看起來令人失望，但研究人員確實發現，許多人培養出更有價值的特質，即隨著年齡成長更善於擷取智慧的技能。

德克薩斯州大學（University of Texas）戴洛·沃西（Darrell Worthy）博士帶領一批心理學家展開一系列關於智慧的實驗中發現，老一輩在做出帶來長期收益選擇的能力強得多。年輕的成年人較快做出能立即產生成果的選擇，但年紀稍長的成年人比較擅長做出考量未來的策略性選擇。印度聖雄甘地（Gandhi）曾寫：「生活可以更豐富，而非單單加快生活節奏。」或許在一個油門被踩到底的世界裡，斜槓樂齡族適合扮演指定駕駛的角色。

史丹佛大學教授羅伯・蘇頓（Robert Sutton）建議，智慧的特徵就是一股運用信心和質疑讓事物變得更好的神奇力量，並且知道何時該加碼哪一邊的賭注。學者卡松・麥當勞（Copthorne Macdonald）曾列出四十八種智慧特徵，足以協助我們打造一套做出最佳選擇的框架。明智的人多半願意承認自己容易犯錯、會反思、有同理心，而且擁有健全的判斷力，但是光靠這些特徵無法定義智慧。

如果說職場中有什麼特質是我相信遠比其他特質更能定義智慧，那就是全面性或系統化思考的能耐，因為它足以讓一個人快速綜合各方資訊，聽懂事情的「要點」。你在「型樣辨識」此項技能協助下，可以更快接收到象徵龐大格局的預感，進而提升相關能耐。這就是年紀賦予我們無可爭辯的優勢：你在這世上活得越久，看過並因此得以辨識的型樣也就越多。

這種著眼大局的能耐足以培養新穎思維。精神病學家吉恩・柯翰（Gene D. Cohen）在著作《熟年大腦的無限潛能》（The Mature Mind: The Positive Power of the Aging Brain）中解釋，老一輩占了多年經驗的便宜，他們已在成熟的大腦中內嵌豐富的解方寶庫，因此得以整合更多資訊、提供更多解決方案。就以德州大學奧斯汀分校機械工程和材料科學教授約翰・有夠強（John Goodenough，這是真人真名！）為例，五十七歲時與人共同發明鋰離子電池，將電力縮放在最小的尺寸裡；七年後，他申請一種新型電池的專利應用，或許足以終結以石油為燃料的汽車產業，因此變成晚年才爆紅的名人。想像一下：七月底屆滿九十六歲的他還在繼續嘗試新點子！

毫無疑問，媒體創造出一種神話般的理想形象：身穿帽T的年輕天才，帶領大軍邁向前途遠大的數位烏托邦未來。但是，這些造反家就該這麼自行其是嗎？他們可以這樣嗎？叫車平台優步（Uber）前執行長崔維斯・卡蘭尼克（Travis Kalanick）犯了一連串非常幼稚的決策錯誤，結果遭董事會逐出家門。要是他的下場有任何啟示，或許就屬數位原生世代和他們的前輩之間這段共生關係。

我們頌揚年輕世代領袖，他們展現技術實力、過人精力、敏捷速度和持久耐力，不僅顛覆產業，也提出遠大承諾。我們告訴自己，這些少年科技創業家缺乏經驗，所以必須用數位領悟力與膽量彌補。不過策略未來學家南西・佐丹奴（Nancy Giordano）總結她觀察許多「獨角獸初創企業」為領導力帶來的挑戰：更快、更直覺地掌握技術，並不能保證成熟。她解釋：

「年輕數位領袖都沒有受過多少訓練，我們卻期待他們可以奇蹟般地體現，我們這些老一輩花了兩倍時間經由重要指引、正式培訓才學到的人際關係智慧。」

隨著權力迅速向下傳遞到年輕世代手中，或許老一輩的角色在於加快他們形成自我意識的過程，以免他們完全「被榨乾」。專業知識日新月異，老一輩未必會因為跟不上而顯得價值低落；或許他們正因為可以從旁協助，平衡狹隘的專業思維，提升年輕領袖看清遠大格局的能力，因而價值看漲。

代際互惠此一概念正萌芽於人類歷史上完美的一刻。有史以來，人類的五個世代同處職場中：一九七〇年代中期至末期的沉默世代（silent generation）、嬰兒潮世代、X世代、千禧世代和Z世代。通常我們觀察層次結構或食物鏈，就可以直指職場中的自然秩序，位階高低是老鳥優於菜鳥。但是權力逐漸從老人家手中下放到年輕人手上，不單只是始於年長員工站在零售店沃爾瑪（Walmart）門口兩側迎賓，但掌管全店營運的經理人卻是三十歲小夥子。

一般來說，由於平均退休年齡下降，二十世紀中、後期的六十五歲以上老一輩都已經蹺腳納涼了，不過近三十年來，我們看到銀髮族投入職場的比率正一路上升。《紐約時報》（New York Times）撰文指出，超過一半的美國嬰兒潮世代打算過了六十五歲仍繼續工作或根本不退休，並預計六十五歲以上的勞動人口成長速度會比其他年齡層更快。至二〇二五年，全美國六十五歲工作人口總數可能比三十年前多出三倍；至二〇二四年；七十五歲以上的工作人口總數預計將以每年六．四%的速度成長。請記著，在未來的美麗新世界，老一輩的智慧是全球少數不斷增加而非減少的自然資源之一！

由於我們採用截然不同的價值體系和工作方式，職場中前所未見的年齡多元化可能讓人困惑，不過這也可能是全世界未曾體驗過的商機之源。當所有世代都各自為政，老一輩和小一輩員工就會像密封罐一樣各自把智慧封存住；但要是我們打破高牆，其實各有豐沛資源足供我們互相學習。智慧並不稀缺，但除非已經開發出深掘所需的工具，否則它就像鑽石一樣難以企及。

這種局面正發生在自動化如火如荼改變全世界的時代。在以前，科技創新經常會消弭重複性質的工廠作業，理論上可以導引出更優質的工作。只不過，醜陋的小秘密是，所有新工作都需要不同的訓練，但我們的社會根本無法適時提供給失業族群。這正是近年來政治動盪之源。然而，在未來的人工智慧時代，機器學習技術賦予電腦自我教學能力，以便更積極適切滿足我們的需求，因此它們取代人類工作的速度也會更快。就算千禧世代沒讓我們變成廢渣，機器人與人工智慧也一定辦得到。所以說，我們會更長壽，也需要將工作年限往後延。自動化奪走更多職位，同時間卻有更多世代投入職場。這真是太糟糕了！聽起來未來會更可怕，只會有更多人互相指著對方鼻子罵來罵去。

不過呢，多虧老一輩具備整合明智、人性化之解方的能力，機器人恰恰望塵莫及，此刻正是他們東山再起的最佳時機。在機器智慧化時代，老一輩最擅長的感受力與同理心遠比任何時候都還要彌足珍貴。當我們變得越高科技，渴望與人群接觸的程度也就越高。十年前，飯店業者就預測，由於上網找資訊容易，飯店大廳會漸漸汰換掉友好的迎賓人員；同理，在一站式線上旅遊預定平台智遊網（Expedia）時代，旅行社也被視為滅絕物種。不過，近來越來越多消費者欣賞那些摸透他們習性的聰明專業人士提供無微不至、個人化的建議，因此又湧起對旅遊顧問的需求了。所以說，不只是全世界老一輩提供的智慧持續增加，這種智慧的價值也正一路上揚。

:· 重新定義「老一輩」

在過去，如果有人謊報年齡，多半是把自己描繪得比實際上年長，因為聽起來就比較有掌控力、掌握力與權力；現在，我們謊報年齡的原因正好相反，就怕顯老。這個理由很充分。今天要是有人打電話給某個老人家，就很像是暗示他們與先知摩西（Moses）或美國前總統亞伯拉罕．林肯（Abe Lincoln）有什麼私人關係。

現在，該是把「老骨頭」排除在「老一輩」的文義之外了。「老骨頭」僅僅表達馬齒徒長，但「老一輩」卻有稱許他們這一生努力做事的意味。許多人活了一大把歲數，卻從未整合智慧與經驗，但老一輩會時時反省自己學到的教訓，並試著融入他們提供年輕世代的遺產中。老骨頭就只是老，多半依附社會生活，卻與年輕人毫無瓜葛；反之，歷來各時代的社會都依附老一輩，而且他們都願意為年輕人提供服務。尤有甚者，如今一般人開始住進養老院的平均年紀是八十一歲，相較之下，一九五〇年代是六十五歲，所以其實還有許多人應該被定義為老一輩而非老骨頭。

那是什麼聲音？我是聽到有人在說話嗎？「我才不想變成『老骨頭』。」你可能會這樣低聲碎唸。「我又不老、脾氣也不壞，皺紋也不多。」老一輩先別以多年培養的判斷力驟下結論，往下讀就是了。

這不是族群第一次收回某個專業術語，並反過來將一個貶義詞變成驕傲的象徵了。好比「洋基人」（Yankee）是英國人稱呼美國新世界顯貴的貶義詞，但很快就被新英格蘭人自己及幾個世紀後的大批棒球迷所採用。同理，一九六〇年代，即使「黑人（black）」是許多種族主義分子用來稱呼非裔美國人，但麥爾坎・X（Malcolm X）與其他民權領袖協助同胞接受這個字眼。來自南方的喜劇演員傑夫・福斯沃西（Jeff Foxworthy），則將「紅脖子的南部鄉巴佬」（redneck）＊比喻成自我認同的榮耀感。二十年前在操場玩耍的小朋友，不會想聽到有人對著你喊「酷兒」（queer），但現在多元性別族群（LGBTQ）卻重新使用這句俚語稱謂，而且還賦予它一種很酷的意象。當你掌控了一個稱謂，它就帶給你力量。

這麼說來，我們該如何回收「老一輩」這個詞彙，並根據他們具備當代尤為珍貴的智慧這項特質，另創現代化定義？正如老年醫學專家兼作者比爾・湯瑪斯（Bill Thomas）告訴我：「我們看到小孩，就知道他們正值童年時光；看到成人，就知道他們置身成年期；但我們對看到老人家就知道他們已經長大、並活在老齡期的經驗，卻付之闕如。」讓我們把這段時期變成一段不會讓人望之卻步的歲月。就像孩童會帶著好奇心窺視成年期一樣，要是成人也能帶著興奮之情窺視老齡期，那不是太美妙了嗎？

有一道儀式讓人傷心卻再真實不過，不過你可以打賭，它定義了這個正在擴大的無名時代——當你迎來五十歲生日前夕，就會收到美國退休人員協會（American Association of Retired Persons，AARP）的致意卡；每個半百之人應該也會收到一封寫上短短兩句話的郵件，用意是協助當事人做好邁入下一章的心理準備。這封信應該會這麼寫：「你可能再活個五十年。要是你知道自己會活到一百歲，你今天會想追求什麼新的才能、技能或興趣，好讓自己成為箇中翹楚？」

正如我將在第二章所述，我在毫無計畫的情況下，五十多歲還因緣際會在 Airbnb 找到一份工作，而且周遭全是年紀小我一半、才智卻高出一倍的小夥子。坊間沒有什麼人生下半場的教戰守則，遇到那種情況真叫我迷惘。許多人還沒做好心理準備，就帶著焦慮感扮演人生中斜槓樂齡族的角色；他們害怕自己的技能提早歸零，成為過去時代的遺跡。不過這些人都

* 譯注：redneck語源為美國南方農民每天在太陽下勞動，脖子因此曬得紅通通。

未曾意識到，斜槓樂齡族不單單是隨著年歲增長獲取更多技能，更是磨練技能臻至成熟，因而足以用來學習新事物。斜槓樂齡族可以從過去掌握智慧的角色，轉型成未來尋求智慧的角色。當你創造一股運用智慧與純真、讓事物變得更美好的神奇力量，就真的實現帶著活力步入高齡的境界。

當我加入 Airbnb 時，我真正需要的是一份「提高意識」的宣言，好幫助自己理解職涯新跑道的行事規則；我也需要一些提點，以便擴大自己可能必須提供這個全新年輕職場所需要的內涵。

於是，與其把頭埋進沙堆裡，或是喋喋不休地碎唸千禧世代對我們抱持偏見（在我加入 Airbnb 時，我聽過一些嬰兒潮世代的朋友這麼說），現在我要提供我希望自己當時就擁有的宣言。往後這一路上，我會引介一套適用工作與生活智慧的全新架構，它對那些已經進入人生下半場的族群意義格外重大。但是本書不僅適用於那些邁入五十歲的人，對二十、三十與四十歲的族群來說也有閱讀價值，因為他們也會想要預知未來人生道路的藍圖，也想磨練更純熟技巧，以便善用比自己大一、兩輪前輩的智慧。

當今，我們遭逢政治與文化都嚴重分歧的局勢，老齡期終將到來便成為一項團結所有人的條件。倘若正在閱讀本書的你是三十多歲年輕人，這本書對你也很合用，因為要是我們大家都很幸運，老齡期是唯一一段所有人終有一天都會遇到的時光。

我的朋友肯恩．戴特沃德（Ken Dychtwald）是高齡浪潮（Age Wave）這家企業的創辦人兼執行長，也是全國長壽革命的領導專家之一。一九八九年他著書談及未來職場：「成熟的男性、女性員工將被慰留，他們的薪水不是基於工作時數，而是基於經驗、人脈和智慧。」他稱這些人是「智慧工作者」，並接著說：「……我相信，許多公司如果更善於整合自家年輕員工的精力、企圖心與資深員工的眼界、豐富經驗，終可避免失誤和出於善意的誤導。」

三十年後，或許終究到了我們對自己擁有「智慧工作者」這種身分更有意識的時刻；或許到了區分並定義「中年」至「老年」這段時期是成熟理想主義的時刻。對我們這些中年大叔來說，職涯中的棒球比賽可能會進入延長賽，所以現在或許也到了體認「多數體育賽事打到下半場更有看頭」這樁事實感到興奮的時刻。同理，當戲劇演出接近最後一幕，每件事終於開始合情合理，看倌們就會不由自主傾身往前坐到座椅邊緣；比賽中的馬拉松跑者踏上最後幾里路時，腦內啡也會激增。因此，有沒有可能當我們越接近人生終點，生活反而變得更有趣而不是越無趣？

正如最近肯恩才對我說：「如果你可以將壯年期變成一種夢寐以求的生活形態，你就改變全世界了。」

誰才是斜槓樂齡族？

提到部落時代的「長老會」在美國的現代版本，就會想到最高法院的形象，不過一個擁有三億兩千五百萬人口的國家，可不只有九位明智長者而已。放諸國際，大家可能會想到英國實業家理查・布蘭森（Richard Branson）協同音樂家彼得・蓋布瑞爾（Peter Gabriel）創辦知名的非營利組織長者（The Elders）；他倆的基本理念是，在當今這個日益相互依賴的世界（或說全球村），許多社群都會尋求老一輩指點。這個機構成立於二〇〇七年，南非已故前總統尼爾森・曼德拉（Nelson Mandela）、遺孀格拉莎・馬契爾（Graça Machel）、美國前總統吉米・卡特（Jimmy Carter）與其他人道主義世界領袖紛紛聲援，承諾發揮自身的共同經驗、影響力，協助解決當今全球迫在眉睫的議題。

但是你不用成為諾貝爾和平獎得主，也不用坐上全國最高法院大座，一樣可以擔綱斜槓樂齡族；而且，你也不用非得是男人才能符合其他部落傳統所定義的長者。Airbnb 內部最堪稱無價之寶的長者，是比布萊恩年長十五歲的營運長貝琳達・強森（Belinda Johnson），她具有強烈的忠誠心、無限的智慧，而且直覺超敏銳。她比我早幾年加入公司，因此比我更長期、更全面地提供布萊恩明智建言。

在此僅追加列舉浩瀚事實中的兩例：無論是臉書營運長雪柔・桑德伯格擔綱執行長馬克・祖克柏（Mark Zuckerberg）的年長智者，或谷歌現任財務長、投資銀行摩根史坦利（organ Stanley）前財務長露絲・波拉特（Ruth Porat），比母集團字母（Alphabet）執行長兼共同創辦人的賴瑞・佩吉（Larry Page）年長十五歲。當你檢視下述斜槓樂齡族五大特質就會明白，符合定義的對象都是性別中立。

斜槓樂齡族不必比特定年齡大，也不必坐上公司高位，但確實得比周遭人士年長、明智。這意味著所謂長輩約莫四十歲，同儕則為二十五歲上下，或是六十歲置身四十歲族群中；但是，無論斜槓樂齡族生理年齡究竟多大，都能懷抱謙卑態度、表現莊重。

大多數我認識的斜槓樂齡族都超過五十歲，在以下五大面向表現出智慧：

一、良好的判斷力

我們看得越多、經歷越多，就越能在問題接二連三迎面撲來時妥善處理；我們的年齡越大，就越能純熟「掌握環境」。你也可以說這是一種足以創造或選擇自己得以充分發揮之環境的能力。幽默作家威爾・羅傑斯（Will Rogers）曾寫：「明智的判斷來自經驗，但經驗往往源自錯誤的判斷。」昔日我的膝蓋受傷後癒合的經驗，有助你預防跌倒、膝蓋受傷破皮。斜槓樂齡族基於長年累積的智慧，因而具備長遠的眼光，對年輕人來說，當他們穿涉湍急河流時，身旁有個經驗老到的引導者會警告他們，腳底下有一顆看不見的石頭，這是無比珍貴的好處。

二、直白的洞察力

我們能從經驗擷取的主要資產之一，就是清晰的視角、直觀的洞察力。無論是面試一份工作或策略討論，斜槓樂齡族都可以迅速克服各方雜音，直奔需要關注的核心議題。這種非凡的編輯技巧提供長者一定的莊嚴感，以至於房間內的與會者都能靜候他的下一句話。因為許多長者都不再試圖製造深刻印象或證明自己的能耐，因此明智長者的觀察會展現出一種未經修飾但精練圓滑的真實感。年輕時光是為了要收穫、積累原材料，但老年期則是另一種過程：蒸餾這些原料以便發揮最佳風味，再將它們融合成一盤擺飾完美的菜餚。

三、EQ

智慧不僅表現在你說了什麼話，更表現在你用心豎耳傾聽、理解實情。九十二歲的大衛・斯坦德—拉修士（Brother David Steindl-Rast）在 TED 講述幸福感等同於感謝的影片堪稱傳奇。他告訴我：「沒錯，我同意身為長者的第一樁任務，就是要懂得真誠傾聽年輕人發言；我們能夠提供對方多少反饋，取決於我們自身是多盡責的聆聽者。」正如古諺所說：「知識讓你發言，但智慧讓你傾聽。」

斜槓樂齡族是有自我意識、可以耐著性子又有同理心的人，他們善於理解、管理自己的情緒，還懂得調節他人的情緒。我任職 Airbnb 期間收到最中聽的一句讚美，來自名叫修伊・貝瑞曼（Hugh Berryman）的二十一歲員工，他說：「每次一談到各個世代是怎麼思考，就很像是那種老式無線電。用一種雖是比喻但又直白的說法，就是年輕人會與無線電的某部分頻率產生共鳴，然後隨著年紀越來越大，就越容易調頻到其他頻率。而奇普，你有一種幾乎可以調頻到任何頻率的能耐。」

四、全方位思考能力

人屆中年，大腦開始慢半拍，記憶力與速度都漸次下降；不過連點成線、綜合整理並直指某事要點的能力，卻會在中年後半段的時候開始成長。這種具體成形的智慧源自以下事實：老人家的大腦可以更熟練地橫越一側到另一側的能耐。精神科醫師吉恩・柯翰（Gene D. Cohen）描述這是一種「全時四輪傳動」（all-wheel drive）的狀態，讓我們能夠看清全面，而非僅是各不相同的面向。因為老人家的大腦夠冷靜地管理情緒，更容易客觀公正地判別模式。

五、管理工作的能力

你的年紀越大，就越認清自己僅是滄海一粟，也就越想將這一生所累積的經驗與眼光灌注到你的工作裡，以便積極影響未來世代。當代詩人羅勃・布萊（Robert Bly）說，老人家就是那種知道何時該付出而非接受的人，而且他們往往會在樹林裡尋找奇蹟進而獲得靈感。比較文學學者約瑟夫・米克（Joseph Meeker）曾寫：「荒野之於自然，正如智慧之於意識。」斜槓樂齡族的遺產就是他們投入社區鄰里與大自然的滿腔愛意。

我們年歲漸增，就越悲天憫人，但不代表老一輩非得像奇幻小說《魔戒》中的巫師甘道夫（Gandalf），或是科幻電影《星際大戰》裡的絕地大師歐比王．肯諾比（Obi-Wan Kenobi）那樣的智者。事實上，斜槓樂齡族無須活在他人的期待中，我們因而得以擺脫不必要的傳統慣例，這意味著我們反而可能更顯年輕、純真。醫學名詞「幼體延續」（neoteny）意指某些讓成年人看起來像小孩一樣的特質，引起他人察覺這些長者看起來心境年輕、超級凍齡。

美國娛樂泰斗華特．迪士尼（Walt Disney）曾說：「與我共事的人都說我舉止『純真』；說我擁有孩童般的天真和零自我意識。或許我真的就像他們所說，依然帶著不摻雜一絲污染的好奇眼睛看世界。」

:· 你如何成為斜槓樂齡族？

「儘管病痛纏身、死敵當前、悲痛難耐，如果我們不害怕改變、好奇心永不滿足、對大事業保有興趣，而且能在小事裡尋開心，我們就超越解體崩潰的日常生活，保持活力。」

——伊迪絲・華頓（Edith Wharton），《純真年代》（The Age of Innocence）作者

上述問題或許就是你展閱本書的原因。不過我堅定相信應當控管旁人的期待，所以以下就是值得期待之處……

首先，在第二章，我會告訴你更多關於我在 Airbnb 內部擔綱頑強破壞者以及早期學到有關斜槓樂齡族教訓的故事。第二章題名為「我竟是『中年實習生』？」是因為我相信，斜槓樂齡族不僅是職場導師也是實習生。我們先了解一件事，我從前東家的執行長大位跳槽到 Airbnb 這艘火箭船的經歷並不尋常，所以我也在書裡額外提供大量其他斜槓樂齡族的故事。無論是我的經歷或斜槓樂齡族的故事，對當下這個時代的感悟和啟發都是放諸四海皆準，它們可以套用在任何自覺有實料可以提供公司、雇主的人身上，這些人恰好只是不知道怎麼實現罷了。

再來，在第三章，對於我們一貫聽說的年長典範轉移過時言論，你會了解更多，然後學會釋放自己，不用再受限於老掉牙的三階段職場人生模式。然後，我們就會深入研究自我改

造成為斜槓樂齡族之道，變得「不害怕改變、好奇心永不滿足、對大事業保有興趣，而且能在小事裡尋開心」。

雖然普立茲（Pulitzer Prize）小說獎得主伊迪絲·華頓的名言已是一百年前的產物，卻有效總結我為四堂教訓所定義的四種能力：演化、學習、協作、忠告。在第四章，我們會探索第一堂課程，這可能是在邁向斜槓樂齡族四步驟中最艱難卻也最關鍵的環節：自我演化的能力。要是我們太拘泥於過去、承襲傳統長輩的角色，亦即像布道大會一樣站上講壇對著眾人發表智慧宣言，就不太可能影響任何人。我將告訴你如何脫掉所有舊袍、披上新衣，發展全新、鮮嫩又深具重要性的好名聲或個人品牌。如果我可以從一名實體飯店的經營者，自我演化成矽谷初創商的主管，你也能夠成功克服自身對改變的恐懼。

在第五章，你會讀到採用初學者心態有其價值，以及如何善用這道全新觀點提升自己的學習能力。這是第二堂課程——斜槓樂齡族既是學徒也是賢哲、既是導師也是實習生，同時還會渴望日益精進。我將告訴你，在當今這個世界，為何懂得提問比懂得回答更有力量，協助你催化好奇心，以便讓探究心靈成為你最重要的資產之一。

在第六章，我們會細究課程三，也就是善用我們的能力協作、共謀大業。有許多基於經驗的證據顯示，資深員工具有更強大的協作能力，而且更有助提高團隊效率。我們也恨多方闡述智慧的代際轉移，並進一步思考我們可以提供年輕同事何種內顯的取捨協議。就我個人而言，提供自己的情緒商數（EQ）換取他們的數位商數（DQ），結果大家都變得更好。

在第七章，我將與你分享，為何我會從培育自己提供忠告的能力得到無窮樂趣，以便協助你也樂在其中，這是課程四。在職場中被視為長者的附帶好處，就是可以變成年輕員工的密友，他們會想要浸淫在你的智慧之泉中，對你會更直言不諱，因為不必視你為競爭威脅——恰恰相反，他們會把你的存在視為自己職涯的「歐羅肥」，一再探詢你認識哪些人（你的人脈圈）和你的專業知識（你的智慧庫）。我在 Airbnb 那幾年中，最快樂的幾段時光是與年輕領袖一對一共處，目睹他們一天比一天更有智慧。

在第四章至第七章的最後部分，你會讀到一些指示性提示和實踐之道，協助你將每堂課程都付諸行動。我稱它們為「樂齡族實踐守則」（ModEl Practices），原因有二：其一，自然是斜槓樂齡族（modern elder）的英文可以這樣組合簡稱；其二，也因為倘若你是個長輩，就該是個學習榜樣（model）。

第八章聚焦於拼湊所有散置的片段。我們該如何善用這四種能力，協助你重新上緊發條，變得更好，並把握你在職場的第二春或第三春？由於年長族群多半很善於總合整理，你將會明白我如何拼湊你所學到的內容，好讓你可以付諸行動。我們將一起深入研究幾則長者的故事，他們都以老師或教練、企業家等身分在非營利機構、藝術界親身實踐。對正在尋找正確去處以便開展重新設定中年人生過程的人來說，你也會讀到斜槓樂齡族學院（Modern Elder Academy）的故事。

第九章是呼籲全球執行長與人資部門起而行。我會踢爆一些關於資深員工的迷思，也會提供組織領袖建議，好讓他們創造一處棲地，以利孕育長者與所有世代都能生生不息的條件。我還將概略陳述為何我認為，對企業來說，發展一套吸引、慰留斜槓樂齡族的策略是有利競爭力的聰明做法，特別是在一個我們都面臨勞力、人才短缺，而且考慮到人口正在老化，客戶的平均年齡或許也正一路攀升的年代。對一家企業來說，這件事一旦做對了大有好處。

最後第十章我們就要好好總結一番，談談在職場中留下精神財富有何意義，也要闡述如何引導你的初學者心態、對專業精熟的熱愛程度，以便盡可能長久地主動積極參與。

在〈附錄〉部分你將會讀到，就成為斜槓樂齡族而言，我個人最鍾愛的十大名人語錄、書籍、文章、電影、影音片段／演講、網路智慧、學術研究資源，以及提供服務的組織。我覺得這部分比起一堆注釋對你將更有價值。你還會在這裡看到我條列成為斜槓樂齡族的八大指示性步驟。

如果你只想記住本書中一道教訓，我希望會是這一項：正當你的聽力開始出現靠不住的跡象時，聆聽這門功夫的重要性遠勝於過去幾十年。你需要聆聽的對象再也不是過往的同一群人。最開始，你聽從父母與祖父母輩；再來是你的師長與教練、你的醫生、主管與同儕。他們都帶有權威形象，而且全都比你年長，或至少和你一樣大。我們不傾向聆聽年輕人發言，並向他們學習，但我們若想獲取成為斜槓樂齡族的獎酬，這完全是我們必須做的事。學習、成長、教導，然後再學習。這就是我們必須回報自己和全世界的一切。

生活美好嗎？

回到伯特和我以斜槓樂齡族之姿第一次在圖倫峰會「出場」演說的故事。我並不清楚伯特那道直白的問題有何意圖，但很顯然他對自己的年齡百感交集，尤其是這場峰會裡周遭全是年紀輕輕的初創企業小夥子。且先別管伯特這種帶有自我指涉的表達方式，基於他個人對年紀漸長的觀點，他可能心底一直紮了根刺。

諷刺的是，在我所認識逾五十歲的創業家之中，伯特算是比較年輕的了。為了和胞弟一起自立自強創辦生活真美好，他們花了五年在大學校門外叫賣堆放在車子後座的T恤。即使二十二年後已把生活真美好這個品牌經營成一家年營收超過一億美元的公司，他們從來沒有真正脫離這種鬥志旺盛、就算只賺一杯啤酒錢也不放過的心態。伯特以他用之不竭的精力、深不可測的智慧在很多方面都體現了斜槓樂齡族的真諦。

我一邊衝上舞台，一邊對伯特說：「聽聽我上台後說些什麼，等我演說完再告訴我，你是不是還會氣我大刺刺打著長輩的名號行走江湖。」

當我演說完，眼中噙淚的伯特走向前給我一個熊抱，並說：「現在我明白了！」事實上，這位生活真美好的執行長或可改稱為「首席生活樂觀長」，早就以身作則實踐許多本書提到的法則。當你展閱本書，我希望你也看明白了。許多人都說，中年歲月是危機期，但我相信你卻是置身「中年覺醒期」。

生活真的很美好，而且，還可能會變得更好！

第2章 我竟是「中年實習生」？

「音樂家從不退休，直到他心中再無樂聲才會停手。」

——《高年級實習生》（The Intern）男主角勞勃·狄尼諾（Robert De Niro）

∴「你如何讓餐旅服務業這門生意大眾化？」

我們在一處舊金山科技人最愛去的地方吃點心，Airbnb 執行長布萊恩·切斯基對我拋出魅力十足的願景。當時是二〇一三年三月，會面前已經有人提醒我，布萊恩擁有堪與蘋果創辦人史帝夫·賈伯斯（Steve Jobs）相提並論的強烈特質：他很機靈聰敏，接連提出一百萬個問題，而且有志改變全世界。他不是一般典型的科技業少年執行長，他想要傾一己之力解決全世界的問題，一如他想打造成功事業。我剛從一趟航行亞洲的五星期奧德賽之旅返家，期間充分體驗五大節慶，包括印度的大壺節（Kumbh Mela），它是一場總數多達一億人的印度教徒朝聖之旅。也因此，就在布萊恩提出這個挑戰意味十足的問題之前，我整個人還陷於時差所造成的頭昏腦脹中。

你要是親身經營飯店超過二十五年，究竟該怎麼回答這個問題？

一九八七年，我創辦自己的精品飯店公司。當時我二十啷噹歲，耍了點小聰明把它命名為裘德威，因為我喜歡這句法文片語的意思：生命的喜悅。它也定義了我們的使命宣言——多少家企業有幸取一個彰顯使命宣言的名稱呢？其實，我在第一章中提到的好友伯特・賈克伯首開先河取名生活真美好，不過多數人至少會唸、會拼，而且生活真美好的概念簡單易懂。至於裘德威，我常開玩笑說這個品牌很受文青和哈法族的歡迎。所幸，許多客戶埋單我們的消費心理學伎倆，最終它發展成全美第二大精品飯店集團，在加州共有五十二處據點，各有其獨特個性和精神。

二十四年後，也就是二〇一〇年，我把它賣了。理由何在？你繼續往下讀就會一窺全貌。且容我這麼說，內心深處有個聲音告訴我，改變的時候到了。你可能也聽過相同的召喚，很容易聽一聽就算了，或是根本置若罔聞，但過段時間聲浪會反撲，尤其在夜深人靜時分。當我最終屈服於那要求我賣掉它的聲音，我知道我的下一條路將不再走主流路線。我已經五十出頭了，知道自己心中仍有樂聲，但苦於欠缺能分享的好對象。我前陣子才創立網站節慶三百大（Fest300），致力向世人描繪全世界最棒的三百場節慶，同時也可和我的創業小團隊稍微分享心中的「樂聲」。不過，這個網站比較像是熱情之所寄，而非全新第二春。

正當我還在思考下一步，布萊恩恰好剛讀完拙作《巔峰：馬斯洛賦予偉大公司的魔力》（Peak），找上門來問我是否願意前往他創辦的那家成長迅猛科技小企業，對員工談談餐旅服務業的創新。他將我介紹給另外兩位創辦人喬．傑比亞、奈森．布雷卡齊克，還有大家暱稱「喬話機」（Joebot）的「產品」部門主管喬．澤德（Joe Zadeh）。當時我還是反對技術革新的盧德分子（Luddite），搞不清楚「產品」是指什麼。他們都是一群很棒的小夥子，真正有志一同想將這家初創企業發展成餐旅服務業的巨人。

聽起來很棒，但我走的是「古早味」飯店路線，甚至不確定 Airbnb 究竟是做什麼的。我曾經問過一名千禧世代的朋友，它是不是在地住宿平台沙發客（Couchsurfing）的子公司。也因此，二〇一三年初我的手機裡不僅沒有優步、Lyft 這些共享乘車服務軟體，甚至沒聽過「共享經濟」這個名詞。科幻小說作家威廉・吉布森（William Gibson）曾寫：「未來就在眼前，只不過還沒均勻分布。」當布萊恩要求我接下這家公司的全球餐旅與策略部門主管時，這句話適切地形容老狗正在苦思新把戲。

一開始，我興奮樂見這家公司的觸角伸向全球、創造大眾化餐旅服務業，但同時心裡也挺怕的。我已經五十二歲，這輩子從沒待過科技公司，「我編碼，故我在」這句口號定義業內高手的價值。咱們就打開天窗說亮話吧，我看不懂也寫不出程式碼，而且年紀幾乎是Airbnb員工平均值的兩倍；還有，我自主經營飯店二十四年，以後卻要向比我小二十一歲的聰明小夥子報告。這位年輕老闆不僅幾乎可以當我的兒子，我同時卻又得扮演他的導師。哪天我從他手中接下生平第一份績效考核結果時，心裡該做何感想？

我私下詢問幾名經營旅館的朋友，我是否應該加入Airbnb。有個飯店主管沉吟了一會兒後，搬出電影《夢幻成真》（Field of Dreams）的經典台詞暗示我：「如果你蓋了（棒球場），人們不・會・來，而且還會恥・笑・你！在這一行，只有一小群人願意住在別人家裡。」*

* 譯注：原台詞是：球場建了，必有人來（If you build it, they will come）。

不過確實有幾名科技達人朋友告訴我，Airbnb是一艘蓄勢待發的火箭船。直覺也告訴我，二十五年前，精品飯店就率先提倡體驗式「入境隨俗」的思潮，如今的共享家庭空間只是大規模實現這股風氣。從頭到尾，財務誘因都不在我的考量範圍內，但是與這位年輕、好奇、叛逆，雙親又都是社工的執行長氣味相投，反倒讓我心生嚮往。我似乎對新生的可能性擁有強烈直覺，也感覺到布萊恩的潛力正在萌芽。他的簡樸出身、遠大志向與創造更緊密相連世界村的深切渴望，鼓舞著周遭人群的精神。直覺再度告訴我，他與我可以教學相長。

於是我告訴布萊恩，算我一份。二〇一三年四月二十一日是正式到職前一晚，我們決定在寒舍共進晚餐並盤整最後細節。雖然當晚沒有用比腕力來判定發話權，但也談得差不多了。我將成為他與執行團隊的內部導師和顧問，並同意每週當差十五個小時。

第一週，我趕場一連串會議以便及早適應。在一場工程師會議中，主持人是個武功高強的二十五歲眼鏡男，他緊盯著我，幾乎讓我懷疑自己成了俎上肉。然後他丟出一個存在主義風格的技術問題：「你若是出貨某一樣根本乏人問津的特色功能，這樣算是真的出貨嗎？」我曾在大學裡修過幾門哲學課，姑且知道他這個問題的大方向；不過畢竟我沒上過任何電腦相關課程，理解不出其中確切涵義，當下只能茫然回視。我一頭霧水，知道自己「出大包」，因為我完全不知道什麼是「出貨」。

第一週過後，我更加一整個狀況外了。布萊恩是要我成為他的導師，但我怎麼覺得自己像個實習生。我不禁自問：我能同時既是導師、又是實習生嗎？還是說我其實是個「中年實習生」？就像一隻與眾不同的大叔獨角獸？我後來發現一個很有意思的字眼：閾限（liminality），這個人類學術語意指個人自我認同轉換期間感受到的模糊與迷失感。這部分我會在第四章深入探討。若用我的語言定義會是什麼字？「傷感。」就像幼蟲掙扎著蛻變成蝴蝶一樣。Airbnb 就是我的蛹。

我們全都有過離開舒適圈就備感格格不入的經驗，覺得自己好像根本過氣了。這有點像是你的兒女正在討論最新流行的社群媒體平台，或是你壓根不聞其名的音樂人，不過這種情況下你可以視而不見、聽而不聞，完全不要緊。但場景換到職場裡，我們就會面臨兩種選擇：若非死賴在熟悉的安全繭裡面，奮力抗拒向年輕人學習，不然就是接受進化。沒錯，自我進化或許一開始會不自在，但總比另一道選項好多了。

∴非自願破壞者

我加入 Airbnb 不久後，布萊恩要求我召開一場全體員工大會，討論成為一家飯店公司的真實意義。一九八〇年代中期，那時布萊恩才沒幾歲，我就在開辦反潮流的精品飯店，被視為業界破壞王，所以我很明瞭，所謂「破壞王」不代表我們非得蠻橫無理，事實恰恰相反，因為幾年後我們讓許多人反過來站到我們這一邊。

我在演講時借用印度聖雄甘地的名言：「最初他們忽視你，繼而取笑你，然後打壓你，最後你贏了。」這句話不僅激勵我，也傳遞明確的前進方向。我的建議是，推動人們從「無視」到「取勝」的過程並不容易，因此我們的態度要更謙卑。現在當然我們不是為自己的人生奮戰，但一樣是面臨強力反彈。依據上述甘地名言的內涵，我一一細數各式各樣的反對團體：大型會議策劃者、旅遊目的地行銷組織（destination marketing organizations，DMO）、企業商旅經理、職業房東和房地產開發商，當然還有飯店經營者及政治家。我們需要證明自己其實是提升社群的價值。對我們來說，另一道勝利就是納入監管、負擔稅務。我知道這種說法聽起來很奇怪，但它也是讓這場運動和這家企業合法的主因。這句深具破壞力的名言，成為我們的集會口號之一。

有時候，即使晚上十一點我們都還會在辦公室發出這句戰呼。科技永不眠，尤其你若是一家全球飯店服務公司，每天二十四小時幾乎任何地方都有客戶正在使用你的線上與線下產品。我到職幾週後，布萊恩和我在愛爾蘭都柏林新營運據點附近共進午餐，我打算和他談談所謂的每週十五小時安排——現在已經變成每天十五小時了。

我還來不及提起這個話題，布萊恩就搶先問我是否可以改接主管職，和資深員工麗莎・杜伯斯特（Lisa Dubost）一起建立內部學習與發展職能部門，因為我們有許多二十八歲初階主管領導二十四歲員工，顯然公司必須提供這些第一次當經理人的員工一些指導。要說我心中對這份兼職工作還有什麼迷惑，到那天也煙消雲散了。於是，就在喝完一大杯健力士（Guinness）啤酒後，我成為全職主管，頭銜是全球餐旅與策略部門主管，下轄幾名員工。

你想聽真心話嗎？我熱愛學習，愛到不行。雖然眼前還有許多未知，但顯然有人需要我所懂的一切。我們在九月前讓我在 Airbnb 的參與度盡可能低調，這意味著，在記者和業界知交一擁而上，問我到底幹麼加入這家年輕的非傳統企業之前，我至少得趕快完成一件小事。

身為著名藝術慶典火人節（Burning Man）的董事會成員，我趕在勞動節前夕集結一些朋友前往內華達沙漠。

我們把這裡稱為沙漠海灘，在此我和沙發客的年輕創辦人凱西・范頓（Casey Fenton）一起吃了頓飯，他為我解說共享家庭空間的基本概念。另一晚，我和一群衣冠楚楚的商人坐在沙漠的塵土中共進晚餐，並和一名來自德州奧斯汀市的友善傢伙聊起天來。他告訴我他是度假訂房平台 HomeAway 的創始人。這家企業當時仍是上市公司，*旗下擁有房東自租平台（Vacation Rentals By Owner，VRBO）。

我留意到，在那斯達克（NASDAQ）公開市場上，布萊恩・夏波斯（Brian Sharples）**的公司身價超過四十億美元，或許是 Airbnb 預估市值的兩倍，算是 Airbnb 草創初期的頭號競爭對手。他開始透露事業上的更多細節前，我趕緊告訴他最近加入 Airbnb，結果他的眼睛瞪得跟碟子一樣大。當時，我如此解讀這場巧合之遇：我在一個看似不可能的情境下巧遇最大對手，這是上天旨意，要我選擇正確的道路；或許更重要的一堂課反而簡單易懂：你可以在火人節遇到各式各樣的對象，真是超好玩。

二〇一三年秋天，我小心翼翼地請年輕又聰明的老闆提供一些反饋，讓我知道自己做得如何，但其實心中雪亮，聽取這個年紀比我小一大截的年輕人評論會有點尷尬。布萊恩的讚美溢於言表，但他也坦承說我看起來好像有點「老大不情願」，他想知道該如何消除我的猶豫。

我的不情願部分源於加入時以為這是兼職差事，現在它占用我全部的時間，我得試圖快速編裁我其餘的人生，把時間奉獻給填滿行事曆的 Airbnb 全職工作。但我不得不承認，絕大部分的不情願是因為不確定自己的技能與建言是否有助於這門新時代的破壞型事業。正如幾個星期之前，我的一名直接下屬這樣形容我：「你怎麼會同時這麼明智，卻又這麼無知？」真是一語中的。一談到我缺乏技術能力，我的科技商數（TQ）還真的是零。我從未用過Google doc；我把科技業行話最簡可行性商品（Minimum Viable Product,），聽成最有價值球員（Most Valuable Player）；我以為「藍色火焰（blue flame）」是指灶上的火焰，哪知在矽谷它意指最炙手可熱的初創家。顯然是我沒有多學點行話。布萊恩向我保證，雖然我缺乏數位技能，但我的策略思維、EQ和領導指引力就足以彌補，並鼓勵我走在這條新路上再加把勁。我很高興當初把年輕老闆的建議聽進去。

* 譯注：HomeAway於二〇一五年被智遊網（Expedia）收購。

** 譯注：HomeAway前執行長，二〇一六年離任。

∵心生懷疑時，向標竿人物看齊

在我為這個新角色安頓下來後，我開始搜尋可以現學現賣的書籍，或是某一種慶祝人生轉捩點的儀式，好用來定義即將旭日東昇的第二春。但最終我四尋無果，於是轉而尋找也曾一同站上前線、為年輕科技業執行長擔綱軍師的標竿人物。我到職已經半年，稍微擺脫既是導師、又是實習生的錯亂感，但還是努力想在數位王國中找到文青立足之地的指南。此時有個人的名字不斷跳出來——比爾・坎貝爾（Bill Campbell），他可是「執行長低語人」（CEO whisperer，在執行長耳邊低語、下指導棋的人）始祖。

《紐約客》專欄作家肯恩・歐來塔（Ken Auletta）曾側寫過一篇文情並茂的文章，完美地描述比爾（我在〈附錄〉部分提供文章連結）：「他有各種頭銜，諸如哥倫比亞大學美式足球教練、蘋果高階主管、平板電腦作業系統開發商向前走（Go Corp.）共同創始人、理財軟體商直覺（Intuit）執行長、蘋果董事長、哥倫比亞大學董事會主席，但都不足以形容他的影響力於萬一。在這個工程師人才薈萃的首善之都，人均收入似乎與社群技能背道而馳，坎貝爾就是那個教導許多創辦人要把眼睛移開電腦螢幕的大師。在這一行人稱他為『教練』（The

Coach），他的豐富經驗為矽谷注入一股人性溫暖。歷來他曾默默指點過史蒂夫・賈伯斯、亞馬遜網站創辦人兼執行長傑夫・貝佐斯（Jeff Bezos）、Google創業雙人檔賴瑞・佩吉和謝爾蓋・布林（Sergey Brin）、網景瀏覽器（Netscape）創辦人馬克・安德森（Marc Andreessen）、矽谷知名創投商安霍創投（Andreessen Horowitz）共同創辦人本・霍羅維茲（Ben Horowitz）、社群軟體推特（Twitter）全體創辦人、臉書營運長雪柔・桑德伯格，以及無數創業家，教導管理學中的人性面、傾聽員工與客戶心聲以及與人為善的重要性。」雖然比爾自己的事業成就斐然，但造就他傳奇地位的關鍵，卻是他為那些打造今日科技世界面貌的企業與人才提供一飛沖天的燃料。正如賈伯斯在媒體上所評論：「他身上帶有深刻的人情味。」

我完全不認識比爾，不過有人告訴我，他和我很像，都喜歡給生意上的同事來個大熊抱。二〇一三年秋季我試了幾次想找到比爾，但都沒有回音，所以我就開始閱讀所有和「教練」有關的資料；一遇到疑惑，我就會換個心態想：「換作比爾會怎麼做？」取法他的作法，我安排和布萊恩・切斯基在週末時開長會，因為週間我們在辦公室都只能短暫交談，還經常被臨時的緊急要事打斷。眾所周知，比爾常與賈伯斯星期天在矽谷小丘步道或帕羅奧圖（Palo Alto）市中心周圍長途漫步，所以只要布萊恩和我都沒出遠門，週末我們就會在我的後院小屋花幾個小時深究議題。

比爾也很喜歡說：「你的職銜代表你是主管，但你的下屬才能成就你這位領袖。」他信奉實踐技術與過程，深信應該要協助別人開發真正潛能。不管是以前我管理裘德威或現在轉任Airbnb，每當我向直屬員工提出個人最喜歡的問題——「我怎樣才能支持你在這裡成就生命中最完美的工作？」——我喜歡想成自己正循著比爾的路線前進。這道問題不只讓員工感覺到我樂見他們成功，也讓他們承擔一些責任，塑造一種有益工作的關係，即鼓勵他們勇於建議改善自己的績效，而非一旦遇到瓶頸就扮演委屈的小媳婦。

在我任職Airbnb期間，很喜歡找一頭栽進死胡同的菜鳥主管來談話，協助他們重新召回自己的魔力。我會全程洗耳恭聽，憑藉數十年經驗過濾內容，提出幾個主要問題，還會經常協助他們找到隱埋在深層意識裡的答案。我會提供他們建言與指導，就像多數偉大的運動員和音樂家身邊的指導教練一樣，協助引導選手成為業界佼佼者。我正慢慢學到，我的存在感越低，接受我指導的人就能擁有越多空間。

:· 不只是導師

有些當今商界最具傳奇色彩的領袖都是受惠於明智導師的忠告。戴爾電腦創辦人麥克·戴爾（Michael Dell）在大學宿舍創業時就很明智地延攬資深顧問進入董事會，好比半導體數位成像商泰萊達（Teledyne）共同創辦人喬治·柯茲梅斯基（George Kozmetsky），並挖角美國航空母公司 AMR 前任執行長唐納·卡帝（Donald Carty）擔任副董事長。臉書創辦人馬克·祖克柏同樣也善用資深知名前輩的智慧，邀請華盛頓郵報公司前董事長兼執行長唐納·葛蘭姆（Donald Graham）、線上影音串流媒體網飛（Netflix）創辦人兼執行長瑞德·哈斯汀（Reed Hastings）以及線上支付商（PayPal）共同創辦人彼得·提爾（Peter Thiel）等擔任董事顧問。

這類角色與企業家的關係，不同於企業家與投資人或風險創投業者的關係；金主會投資一家公司，並不表示他也看好年輕的創辦人。真相是，有些風投業者進入新興的年輕科技公司董事會，卻幾乎不比創辦人更有營運經驗；再者，雖然許多年輕創業家明知道他們的金主擁有無比智慧，但雙方關係往往帶有一點交鋒與交易意味。金主會更聚焦於盡快優化報酬，而非給接受自己建言的領導者留下傳承，或耐著性子培養一位能夠打造出偉大企業的卓越領導者。

隨著我深入研究，現在我已經變成每週工作六十小時的科技人。然後我學到，局外人通常可以扮演三種協助創業家領袖的角色，不過它們常常會混在一起。顧問提供專業領域的知識，以協助完成特定決策；教練協助打造戰術領導技巧；導師則是這三者之中最難能可貴的角色，協助你為自己做出最好的決定，並幫助你在工作中成為更好的員工。許多時候導師是一面鏡子，理想上他或她與你幾乎有一種將事物變得更好的神奇力量聯繫，可以引導你更看清楚自己。不過理論上，因為導師可能和他們的受訓者年齡相當或甚至更年輕，我很快就意識到，沒有哪個字眼可以完美定義我與布萊恩發展的關係，也因此我才碰巧找到「長者」（Elder）這個說法。

若說導師是一面鏡子，我相信長者可以視為編輯。長者也可能是顧問、教練和導師，但他們的獨特價值在於能夠真正直驅接受建議的人心中。他們擁有豐富的經驗，能從學生與生俱來的本質看出他們擁有克服自身的能力，也能看到種種讓每一名學生與眾不同的特質與挑戰。長者自然而然能區分哪些目標值得流血流淚爭取，哪些根本浪費時間；他的學生就像是長者熟悉的大倉庫，為了讓學生明白箇中道理，所以必須重新整理。

由於多數長者年歲較大，約莫中年或是中老年，他們對朋友、婚姻、兒女、工作、外部義務與物質財富等日積月累產生的龐然大「務」了然於胸，因此也知道幸福感會隨著我們步入中年日漸下降，更多責任也於事無補，唯有重新排序並狠下心來重新編輯。這道走勢被定義成幸福感的「U曲線」，本書開宗明義便討論過。對那些進入人生下半場的族群來說，簡化可能就像宗教一樣，在商界則是有效策略思維的極佳比喻。

諷刺的是，Airbnb 早期有六大核心價值，其一是「簡化」，但是二〇一三年我剛加入這家企業時，所看到的策略性舉措卻是廣泛不著邊際，而且迥然不同，幾乎全公司上下沒有半個人可以站在經營者的角度，列舉出對我們而言真正重要的項目何在。再者，Airbnb 身為全新的「共享經濟」炸子雞，我們眼前有大好機會可以開拓旅遊之外的各種新業務——意思是，我們可以打造一座線上市集。

這促使我在二〇一三年火人節一落幕後，就把幾位創辦人與資深領導團隊都拉去紐約，帶頭舉辦一場為期三天的策略性閉關會議。我們打算為二〇一四年想出二十三道各不相同的可能舉措，但又強迫自己只能選出前四名。我們也研讀拙作《巔峰：馬斯洛賦予偉大公司的魔力》所列舉的諸多守則。當時我還沒有想出「長者」這個字眼形容我在 Airbnb 中日益演化的角色，不過已經看到，堪比優秀編輯的出色長者，就像米開朗基羅（Michelangelo）之流的雕刻大師，精雕細琢出蘊藏其中的藝術品，無論那將是年輕執行長的獨特天賦，還是一家企業獨一無二的價值主張。

你可以看到，導師在某些方面如何負責把天賦從一個人的內在呼喚出來，一旦天賦被自由釋放，接下來就需要維護、保存與成長，這正是長者任務的起點。導師是長者的補充角色，當長者將天賦塑造成最基本的形式，導師協助反映整道過程。我花在布萊恩身上的時間越多，對長者這個角色就越感刺激興奮。據說哲學家亞瑟・叔本華（Arthur Schopenhauer）曾寫：「天賦，能成就他人未成之事；天才，能明辨他人未見之識。」布萊恩就是一個正在嶄露頭角的天才。

二〇一四年初，比爾・坎貝爾還真的回電給我，諷刺的是，我正被困在一場 Airbnb 會議，無法親自通話。遺憾的是，直到他二〇一六年去世前我們從未交談過。雖然我沒有接到電話，比爾・坎貝爾仍是激勵我追尋天職的動力。研究他的言行協助我看清自己的天職就是扮演斜槓樂齡族，協助布萊恩與公司裡其他數十百千年輕領導者發揮最大潛力，因此，這家企業就具備潛力足以為這個世界上做出獨特的貢獻。

打造一套有效的教－學關係

我很幸運，而且走了兩次大運。第一次，布萊恩．切斯基邀請我與他一同建立關係；第二次他展現巨大胃口，想要向年紀比他大的對象學習。並非人人都有此機遇。

二十年前，我也是在這個等式的另一邊。當時我是裘德威執行長，延攬時任美國飯店集團（Hotel Group of America）總裁傑克．肯尼（Jack Kenny）擔任我的營運長兼總裁。傑克比我年長十五歲，在年輕、有自信的二十六歲小夥子自立創業後從旁協助引導；二十年後的今天，Airbnb 成長如此迅速，年輕領導人也需要資深前輩指點。表面上，傑克與奇普就像是奇普與布萊恩的寫照。

當我在等式中屬於年輕那一端時，從傑克身上學到無比豐富的經驗，其中或許對我在 Airbnb 扮演斜槓樂齡族這個未來角色而言，最重要的意義就是傑克竭盡所能在公開場合當個實習生，但私下場合扮演導師。他經常會提出相對明顯的問題，協助確保每個人理解的程度都一樣；他不會在會議中當著所有人的面輔導我或某個人，以免對方覺得自己像是當眾被爸爸打臉，而是事後才把對方拉到一旁問：「我可以分享一下剛剛的觀察嗎？是有關你在會議上如何才能更有效率。」當他知道我必須做出困難決定時，會經常問我：「你還在假裝不知道哪些事？」身為下屬的人可能會試圖為我解決問題，但傑克反而十分嫻熟地引導他的年輕執行長做出明智回答，同時不讓他的自我擋在前方。

傑克為人幽默、態度可親，讓大家都喜歡圍在他身邊。如果你和傑克共處一室就知道，即使是討論超嚴肅的話題也能相談甚歡。我極度依賴傑克，也從不懷疑他能否守口如瓶。我身為少年執行長，自有無法啟齒和他人討論的缺點，但傑克總是照看我，提高我的工作效能。他從不出賣他人隱私，非常樂於分享自己的弱點，把它當成一種歡迎光臨的暗示，讓我更誠實面對自我改進的機會。傑克讓我放聰明了。

金融老將莎莉．克羅卻克（Sallie Krawcheck）曾舉例說明私下指導、公開實習的精妙之處，全是在她帶領某幾家深陷亂局的高調企業之際學得的經驗。金融海嘯肆虐期間，美國銀行（Bank of America）收購美林（Merrill Lynch）證券，她受託轉型全球資產管理部門；更早以前，花旗集團（Citigroup）爆發醜聞，她銜命修復資產研究部門。莎莉對創造共生的師生關係擁有深刻見解，相信我們必須從導師轉向保證人身分，因為後者會擁護你的所作所為。

莎莉說：「所有關於你職涯的重要決定，都是於你不在場的小房間裡做成。是別人決定聘用你、開除你、幫你升官、給你加薪，或是派你到海外工作，但這些時刻你全都不在場。那麼，你如何確保小房間裡有人為你而戰？我強烈主張，你必須打造個人專屬董事會（Personal Board of Directors），成員是你的導師、保證人、知己，也是當你考慮轉換跑道時可以諮詢的對象。這類建議，妳的男朋友、父母和大學閨密都給不出來。」

如今莎莉是專為女性重新構想投資術的數位投資平台女投網（Ellevest）執行長，也巡迴全國對女性團體發表演說，為職場中尋求明智忠告的廣大婦女同胞扮演導師、長者與朋友角色。她離開美銀後，感覺自己處於一種閾限空間，看不太清楚自己的下一步該往何處去，於是她開始輔導一些紐約的女企業家。她在著作《自主掌權》（Own It: The Power of Women at Work）中這麼寫：「讓我驚訝的是，我都還不清楚這些字眼意味著什麼，她們很快就『反向指導』我了。舉例來說，當我忙著為她們建立人脈網絡並引介公司時，我也同時向她們學習企業家精神、社群媒體，以及女性處於當下年齡時，腦子都在想什麼。」

同樣地，總部位於紐約市的精力單車（SoulCycle）執行長梅蘭妮·惠倫（Melanie Whelan），對自己新接手的千禧世代導師角色興奮不已。梅蘭妮告訴我，她的「反向導師」麗芙與她的觀點截然不同，有助她與時俱進，掌握從具有數位影響力的新穎工具、日漸暴紅的全新健身法，到下載有益健康的新應用程式。

布萊恩採用各種方式反向指導我。就在我加入公司兩個月後，我們將舊金山總部搬到布拉南街（Brannan Street）八八八號，諷刺的是，這裡是我第一個雇主離開商學院後曾經擁有的地產。Airbnb 花一筆小錢設計一個二十一世紀風格的垂直式園區，足與矽谷圈外觀華麗的企業園區媲美，畢竟我們正為爭搶科技人才打得頭破血流。但是目前我們只使用這座大型建物的一小部分，預料未來幾年有權選擇接管其他部分。在一場資深主管會議結束後，我把布萊恩拉到一旁，警告他有幾位年齡稍長的領導人擔心我們提出的財務保證。他們的憂心其來有自，辦公室空間寬敞空曠、裝潢美輪美奐，和二〇一三年初夏我們的營運狀況不成比例。不過布萊恩一如既往向我保證，我們的成長軌跡必然如此。當然，事實證明他說對了，因為我們現在幾乎占滿布拉南街八八八號整幢及同區其他三幢大型建物。我的思維還停留在實體建物時代，低估科技公司猛烈的擴充性，無論是「獨角獸」的成長腳步、千禧世代的文化趨勢，或是如何評估矽谷投資者的需求，布萊恩都能與我教學相長。

哲學家馬丁・布伯（Martin Buber）曾說，長者成為少者的擁護者，但他們也獲贈回報：「師長協助門徒找到自己，幾小時孤寂獨處後，門徒幫助他們的師長重新找到自己。師長點燃旗下門徒的靈魂，他們圍繞著他，師長周遭也閃著重新點燃的火光。門徒提問，藉此提問方式引發對方無意識地回應——經由這個問題刺激，促使師長的精神具體呈現。」

在任何職場，身為年長員工只要對年輕人正在做的事情展現真正關注，就能搭起代際溝通的橋樑。接受年紀比你小的同事指導可以開啟雙方對話，顯示自己虛懷若谷、有心學習且尊重對方；或許你還會驚訝地發現，身邊竟然有不少人視你為標竿人物。作者兼書評家瑪蘭・梅若迪斯（Meredith Maran）在六十出頭重返傳統職場，她曾在精采著作《全新的舊我》（The New Old Me: My Late-Life Reinvention）中寫到，一名三十七歲的同事稱她為「未來的我」（Future Me，FM）。不用非得是巨星級執行長，你也能提供年紀比你小的同事一條值得他們期待的道路。

:· 智慧與天賦

我加入 Airbnb 時，有個思慮周詳的朋友曾若有所思地說，這個世界處處可見天賦，但鮮見智慧，或許 Airbnb 的年輕小夥子不太介意來一點這種稀缺資源。不過其他人私下定位這道發展為ＥＱ對決ＩＱ：我和矽谷的超級天才來一場死亡對決。

自此我漸漸學到新鮮事。首先，不是所有老骨頭都很明智，也不是所有年輕人都很聰明。我遇過一些大智若愚的年輕人，也遇過蠢不可及的老年人，所以說，我們應該要留意自己的年齡偏見。

其次，兩者不必然對立，可以是「智慧與天賦兼而有之」。它們不是鬩牆的手足，而是相親相愛的表親。正如史丹佛大學教授羅伯特・波格・哈里森（Robert Pogue Harrison）在著作《我們為何膜拜青春》（Juvenescence）中說，兩者角色可以共生：「智慧若非具有某種意義上的天賦，不太可能應付這道挑戰；但天賦若非具有某種意義上的智慧，也不太可能奠基過往成就奮發向上。總而言之，天賦的核心是智慧，好讓它擷取過往歷史的回報，不用一再從頭來過；正如智慧的核心是天賦，好讓它發揮創意改變、重拾年輕，同時也提供一向分離不連貫的天賦持續不斷的深度。」

我們將在第九章探討的基本難題就是，天賦比較容易衡量，舉例來說，坊間有各種智商的標準化測試，智慧卻付之闕如，所以雇主與員工往往無從得知，在全體同儕中誰具備真正的智慧。但正如我在二〇一〇年 TED 演說論及衡量何謂人生的真正價值，並非單單因為智慧難以評估或量化，就推說它不具備重大價值。

多年前，年輕的雪柔・桑德伯格請 Google 新手執行長艾力克・施密特（Eric Schmidt）同桌而坐。雪柔拿出一張表格，表示根據她所設計的智慧選擇職業標準表，Google 邀請她接下資深主管之職的提議有違道理。艾力克直視她的雙眼並說：「就跳上火箭吧。企業迅速成長時會連帶擁有巨大影響力，屆時生涯規劃自然會開展；當企業無法迅速成長，或它們的角色變得不那麼重要時，景氣就會停滯，政治開始介入。要是火箭上還留個座位給妳，別問坐在哪個位置了，跳上去就是。」

對我而言，跳上 Airbnb 這艘火箭是一段讓我相當自覺不足又充滿興奮的旅程。原以為這輩子我只會守著自己一手創辦的裘德威，但就在跨入五十歲大關前夕，金融海嘯把我擊垮了，於是我在市場跌至谷底時賣掉它。之後我對未來茫然無措，Airbnb 的年輕執行長卻在這個關頭憑空出現。有時你得先把生活騰出一些空間，好看看會有什麼新鮮事發生。在本書中，你將學到如何為了令人振奮、成果斐然的人生新頁自我進化、重新出發。

但首先，當你正在職涯後半場尋找自己的天職時，讓我們探索一些你必將重新寫過的結構性社交腳本。

第3章 原料、煮熟、燃燒殆盡、重來一遍

「我的人生可總結為三個階段。我是活生生的原料。我被煮熟了。然後我燃燒殆盡。」

——十三世紀伊斯蘭．蘇菲教詩人莫拉維．賈拉魯丁．魯米（JALĀL AD-DĪN MUHAMMAD RŪMĪ，一二〇七年至一二七三年），常簡稱為魯米。

「究竟是我的想像力作祟，還是生活真的同時變得更快也更長？」

在第三十五屆大學同學會上，我就斜槓樂齡族主題發表一段演說，然後一名昔日同窗就問我這個問題。真是精闢的觀察。七百五十年前，伊斯蘭．蘇菲教詩人兼哲學家魯米曾寫：「我的人生可總結為三個階段。我是活生生的原料。我被煮熟了。然後我燃燒殆盡。」但是

自魯米時代以來，數位人生似乎增長了我們的烹煮時間。回顧一九〇〇年，美國的預期壽命是四十七歲；一百年後的二〇〇〇年，就到了七十七歲；誰知道二一〇〇年時，會不會已經高達一百零七歲。我現年五十七歲，可能根本還沒走到生命中成年期的一半。我也許還可以煮很久！你也是。

正如事實所呈現，魯米對長者的價值並不陌生。他結識年歲整整大了一個世代的神秘主義者苦行僧夏姆士（Shams-I Tabrizi）之前，曾是一位伊斯蘭神職人員。夏姆士透過深刻的智力和精神合作，協助魯米找出內心的詩人基因。如果沒有夏姆士，魯米就不會成為全美國最被廣泛傳閱的詩人，畢竟兩人相會之前，魯米從未寫過一首詩。

當然，綜觀歷史，無數年長導師協助培養年輕天才，好比美國思想家拉爾夫・瓦爾多・愛默生（Ralph Waldo Emerson）指導哲學作家亨利・大衛・梭羅（Henry David Thoreau）；美國詩人馬雅・安哲羅（Maya Angelou）對脫口秀天后歐普拉・溫弗蕾（Oprah Winfrey）有一樣的影響力；華倫・巴菲特（Warren Buffett）之於比爾・蓋茲（Bill Gates）；史蒂夫・賈伯斯之於馬克・祖克柏等。以史為鑑，我們知道師生關係如何進展，智慧由上而下涓滴。時至今日，堪稱史上第一次，我們看到智慧在代際之間雙向流動的力量，這道變化讓長者重回璞石階段，得以再次採用全新方式琢磨成玉。

每個世代都自認為比前一個世代更聰明，但所有世代都可以互相學習。不過，當今年長那一端自覺逐日無足輕重，年輕那一端則日益權大勢大，只不過仍缺乏正式的支持和指導模式。我們許多嬰兒潮世代琢磨幾十年才成為完全純熟的領導者，但由於我們越加依賴數位科技，權力因此快速移轉至千禧世代手中，他們非得像微波加熱般速成領導技巧不可。

然而，充滿智慧的長者儘管有滿腹經驗可以傳授給有心學習的門徒，卻越來越快從職場中消失了，好似一枚中子彈突然落在嶄新晶亮的開放式辦公室，所有超過四十歲的人都被掃出門外。或許，我們這個社會太忙著把玩手上這些網路、iPhones 和影音分享軟體 Instagram（IG）等新玩具，未曾留意長者已經被一掃而空。但是那些五十多歲以上的長者，曾在兒女成年後與之分享智慧，如今也已準備好將同樣的智慧帶入職場；只是，如果他們沒有進入職場工作，就無法分享給人。因此，雖說有些矽谷人正在設法創造長生不死的技術，但也有很多人自省，要是四十歲以後就變得可有可無，誰還想要長命百歲？

正如美國退休人員協會執行長喬．安．詹金斯（Jo Ann Jenkins）在著作《50+ 好好：顛覆年齡新主張》（Disrupt Aging）中所寫：「我們在上個世紀為平均壽命增添許多歲數，遠超過歷史統計總合……這是史上第一次長壽再也不罕見。今日出生的人口中超過一半會成為百歲人瑞。」請花點時間深思，現代版本的美國嬰兒潮極有可能活到二一一八年，再加上醫療技術日新月異，更有可能再讓我們多活個二十年。美國前總統比爾．柯林頓（Bill Clinton）就曾說，生物學之於二十一世紀的重要性，有如物理學之於上一個世紀。

所以說，我們大家都會活到一百歲，但是我們真的能養活自己到那個歲數嗎？恐怕是辦不到。經濟學家約翰．蕭文（John Shoven）說：「你工作四十年不夠你退休三十年花用。」統計數字對退休人口或政府都不樂觀。一九五五年以來，退休人生的時間總合成長五〇%。一八八〇年代，普魯士（Prussia）王國「鐵血宰相」奧托．馮．俾斯麥（Otto von Bismarck）引入第一套正式養老金制度時，可支領的年紀是七十歲，後來再往下降到六十五歲，但當時預期壽命僅四十五歲。事實上，一八八〇年時，美國將近半數八十歲人口仍得從事以農業為主但形態不一的工作；六十五歲至七十四歲人口中，約莫八成也都仍是在職身分。不過，讓我們看明白，當美國在一九三五年開始推展社會安全（Social Security）制度時，有一小部分公民實際上已屆六十五歲的退休年齡。

在當今已開發國家裡，九〇%人口都可以活到慶祝六十五歲生日，而且大多數健康狀況良好，但這個年紀仍被視為老年人的起算基礎。我人微言輕，不夠資格向上建議重新設計一套退休制度，但有一點倒是相當明確：預期六十歲出頭至中段就可以從全職工作退休的美夢，可能即將成為昨日黃花，或僅是富人特權。這一點還真是讓我們大家有點惴惴不安了。

我們怎樣才能讓長壽成為祝福而非詛咒？

∴反思三階段人生說

「對大多數人來說，若工作意味著體力勞動，那就沒有必要擔心後半輩子了。因為你只是繼續做你正在做的勞力活；要是你有幸可以在磨坊或鐵道苦熬四十年，那麼你會很樂意餘生無所事事。但時至今日，多數工作都是所謂知識性工作，這類勞動人口幹了四十年後也不會有『成就某事』的感覺，反而都會覺得很無聊。」

——管理學大師彼得・杜拉克（Peter Drucker）

年歲漸增將會經歷教育（原料）、工作（烹煮）、退休（化灰）三階段，這種認知已根深柢固植入社會習俗與個人心裡，不會在旦夕之間改變，特別是雇主有能耐做到演員史蒂夫．馬丁（Steve Martin）在電影《大製騙家》（Bowfinger）裡所說情節：「雇主憑氣味就得出聞得出五十歲。」這年紀以退休而言算是太年輕，但以謀職來說又太老，這就是打破成規時機已到的當代問題。

正如蘿拉．卡斯滕森所言：「年輕時學習、中年時工作，到了老年就休息或當志工。我們都認定，依照年齡序的階段一次做一件事，生命各個階段鮮少有重疊。結果是，不只不同世代的成員互動有限，因此容易引起誤解和不安，還導致任何年齡層的人都很難在家庭、工作、社區和教育機會找到整體的平衡點。」既然人生階段只是一種社會結構，現在正是讓這種「三階段人生說」除役的時刻，畢竟它導致年齡歧視、糟蹋智慧，而且讓人生下半場意義與圓滿度都銳減。所幸，我們還有一道有別於這種線性直達懸崖邊緣的做法。

我在撰寫本書期間做了不少研究，曾拜讀一本至今愛不釋手的作品，即倫敦商學院（London Business School）的教授林達．葛瑞騰（Lynda Gratton）、安德魯．史考特（Andrew Scott）合著《一百歲的人生戰略》（The 100-Year Life: Living and working in an age of longevity），還很幸運地可以和安德魯深入討論這道議題。

他們描寫一段更流暢、多重階段的生活，其間穿插著角色轉換和中斷：不再是只會「原料、烹煮、化灰」的人生，而是更多一連串集中式的循環。這類多重階段的人生比較像是一鍋大雜燴，而不是循序先上開胃菜、然後主菜、最後甜點的吃法；但也因此我們得建立全新習慣，以便適應可能會遭遇更多的角色轉換。這是一種思考人生軌跡截然不同的做法，在最好的情況下，它賦予我們善用自我持續演化以便更認識自己、更勤於所學的知識，進而調適自身的技能，適應日趨變化的利益與市場，這樣我們就有機會可以自我探索，並找到一種更接近我們個人價值的生活方式。

有些長輩哀嘆千禧世代打破建立在三階段人生說的傳統價值觀，但或許千禧世代看未來比我們更清楚。他們無意背負買房、買車重擔，相當明白在當今社會的「向外移動」——意味著把手機當成指南針，以「數位遊牧民族」的方式全球跑透透——其實比「向上移動」這種老一代的職場思維更珍貴。也難怪一大堆聚焦千禧世代的專案計畫，好比提供年輕人遠距工作的實驗計畫遠距年（Remote Year）、我們愛漫遊（We Roam）與他方（Outsite），都快速持續觀察這波潮流，即踏出校門後的年輕人正將他們的「奧德賽時期」（odyssey period）拉長為十至十五年，*與前幾個世代套用在年輕人身上、約十至十五個月的「空檔年」概念大不相同。由於年輕人正拖延著不想進入成年階段，也許這就是為何更多千禧世代仍與父母同住，同時等著結婚、生子。

對我們這些年歲稍長的人來說，這種變化也許令人生畏，但其實二十世紀時，隨著青少年、退休族的概念浮現檯面，我們就已看到人生階段的社會結構出現重大轉變。一九〇〇年以前，社會未曾設立任何相關機構，甚至不曾經歷過此類全新的人生階段。但我們正好處於一個與年齡無關的時代，亦即你的身分更取決於你如何追求自己的人生，而非你的生理年齡。為什麼大學只能專收才剛剛走過青春期六年的小鬼頭？為什麼五十多歲的人就不能追求「空檔年」？要是我們走進一家飯店，看到櫃檯服務人員是個一臉友善的七十五歲老翁，面帶微笑等著為我們辦理入住手續，我們該感到驚訝嗎？

葛瑞騰和史考特擴大解釋這個新時代。「傳統上，更長壽被視為活得更老，但我們看到證據顯示，這種約定成俗即將被推翻，以後我們將會越活越年輕……青少年和退休族這兩個最後才浮上檯面的人生階段，都是以生理年齡界定的階段，你得夠年輕才能被稱為青少年，

* 譯注：意指徘徊在工作與學校之間二十歲後段班的年輕人，多數經濟無法完全獨立，各人生階段因而推遲五至七年不等。

夠年長才能當退休族。但新近冒出頭的幾個階段最棒之處，在於它們涵蓋許多與年齡無關的特徵。」

我的好友之一吉娜．裴爾（Gina Pell，書中所有受訪人物的年齡都代表我撰書期間的實際年齡）此刻四十九歲，二〇一六年時她自行定義「長青世代」（Perennials），意指我們會採取各種做法違抗傳統的年齡期待，我們的黃金時期或能拉得更長。吉娜是一位網路創業家，她解釋：「長青世代是指所有年齡層中長期活躍、人面廣的族群，他們知道世界各地正發生的事情，與科技發展同時並進，而且結交各種年紀的朋友。我們樂於參與、保持好奇心、指導他人、渾身是勁、富有同情心、創造力、自信心、願協作，而且還是放眼全球的冒險家。」由於我們共有五個世代同處職場，必須找到共同的語言為彼此搭起溝通橋樑，這種反世代思維將變得越來越普遍。

設計公司 IDEO 創意長保羅．班奈特（Paul Bennett）屬於嬰兒潮世代，他告訴我：「人生歷來被視為一座山，前半場你努力往上爬，試圖發揮最大的潛能做到最好；後半場就往下走，也知道自己有些事情就是做不來。倘若你攻頂之後還可以在人生顛峰時刻搭上飛機，並讓好奇心成為刺激你繼續前進的燃料，一切又會如何？許多人未能掌握自己對年紀變大的定義，也有很多人一想到老人，腦海就冒出一聲無意識的吶喊：『我不要變成那樣。』」或許人生只是一連串峰頂與低谷，一旦你年歲漸長，你會花多一點時間欣賞風景，並試著一路引導他人這麼做。

:· 人生第二春就要「細火慢燉」

我第一次經人介紹認識凱倫．維克爾（Karen Wickre），約莫是她在網路上發表一篇精采文章前後，主題為「不是科技咖的你如何融入這個領域」。凱倫親身示範，列舉了五個人口統計學的原因將自己排除在科技領域之外：她是女性、現年六十六歲、具有文科背景（雙學位）、女同性戀、單身。凱倫帶有些許孩子氣，熱愛藝術並滿懷數學、科學內涵的點子，她絕非HBO頻道熱門自製影集《矽谷群瞎傳》（Silicon Valley）中的典型人物。

凱倫在Google、推特的中階主管職位一待就超過十五年、浸淫科技業三十多年，看待她的工作生涯是核心能力發展，而非職銜累積史。凱倫一九七三年自大學畢業，此後一路共歷練十七份全職工作，這還不計入期間接手的各項諮詢工作，並同時從事幾年的自由撰稿人。

她將上述作為歸功於積極心態、EQ、彈性和「經驗豐富的字彙強辯高手」（也就是作家和編輯），讓她足以開創一份能夠維持數十年的職業生涯。對大多數文科畢業生來說，這種人生經歷十足陌生。雖然她不符合典型科技人的樣貌，卻是協助我們理解複雜科技世界的「尋常人」。

她的雙親都是出身工人階級家庭，成功向上移動至白領中產階級，在華盛頓特區的郊外擁有一幢房子。但他們就像同世代大多數向上流動的美國人一樣，希望兒女更進一步成龍成鳳，其中包括完成大學教育。她的父親是一九二〇至一九五〇年代當紅技術無線電領域的工程師，後來成為海軍的文官雇員，不過到了職涯後段總是詛咒那些不斷超越他的大學畢業生。她的母親為同一家產業公會賣命三十五年，當凱倫即將踏出校門前還殷殷諄告誡她，畢業後找一家公司謀得穩定的長期差事很重要。她的母親看著她從秘書學校畢業脫離工人階級世界，希望女兒更爭氣，堅持要她去高中打字，她說：「因為這樣就有依靠了。」事實證明，凱倫成為速打高手，這或許是往後五十年她最常使用的單一技能。

凱倫是在一九八五年誤闖科技業。當時她在舊金山經營一家陷入困境的非營利組織，其中一位新進董事成員是迅速竄紅的媒體大亨，才剛在新興領域創辦主打一般消費者的個人電腦雜誌。他看見她的才華，希望她加入新創的出版事業《電腦雜誌》（PC Magazine）與《麥金塔世界》（Macworld）。她對電腦一無所知，但這位伯樂很清楚她擁有感同身受的能力，也擅長將複雜的概念轉化成任何人都聽得懂的內容。打個比方說，凱倫的本事就是轉譯能力，還是一九九五年最早一批撰寫網際網路消費者指南的作家。

二〇〇二年，Google 才創立沒幾年，便挖角她擔任外包寫手。她花了十五個月證明自己的能力，於是轉進公關部門成為全職員工，並在往後九年裡步步高陞成為資深媒體連絡窗口。在這九年中，她歷練過七位長官，全都比她年輕，有幾位甚至差了快三十歲。由於凱倫已經是科技業老鳥，而且擁有比同儕更豐富的一般工作經驗，多數主管都十分看重她，並未擺出官架子，唯一的誇張特例是，一名比她年輕二十歲、野心超強的新人短暫成為她的主管。她知道對方積極拚上總監一職，升官加爵的最後一步就是要管理下屬。她已察覺其中的政治角力，因此試圖達成圓滿結局。但畢竟兩人磨合困難，加上對方過分微觀管理，迫使她直接對他挑明了說：「我知道你和我一樣不喜歡這種緊張關係，我也知道你有其他遠大志向。要是你懂得如何與我合作，就可以更快達成目標。現在就讓我告訴你怎麼做才對。」從那次以後，對方就放棄當個慣老闆，不久後就輪調到另一個新職位。甚至兩人分道揚鑣幾年後，他還會經常回頭請她提供建言與專業知識。儘管他從未承認自己表現惡劣，但顯然把她的話銘記在心。這只是另一個世代之間如何相互學習的小例子。

後來她離職，進入推特擔任編輯總監，因為即使她已經六十歲，卻還想更了解社群媒體。最近她決定，重新改造職場人生的時刻到了。由於她花了三十多年在矽谷打造出人脈網絡圈，於是轉為什麼案子都接的自由撰稿人，也找了兼職工作，除了不再需要管理下屬，也可以一路好好做到七老八十。

由於「零工經濟」大爆發，加上越來越多人加入優步當司機、加入 Airbnb 出租後院小屋當房東，以便另闢財源，這種「大雜燴組合」的工作方式便引起媒體高度關注。根據普華永道公司的研究，在這個共享經濟圈裡，四分之一的勞動人口年齡落在五十五歲以上。這些五十五歲以上的族群又有超過半數說自己喜歡這種靈活、逐步過渡的方式退休，不過多數雇主無法提供這種彈性，所以年長員工只好求去，改任兼職律師、會計師或教師，或甚至自己創業當老闆。

英國媒體《經濟學人》（The Economist）最近一期探討「輕老族」（young old）議題，報導總部位於紐約的公司宅居工作老專家（Work At Home Vintage Experts，WAHVE），簡稱宅老專，它提供工作給幾百名年齡介於六十多歲至七十多歲的金融、保險專家。七十一歲創辦人雪倫·艾美克（Sharon Emek）說：「經紀商與承保商正面臨嚴重的人才缺口，因為培訓一名核保人得花上好幾年。」她看到，嬰兒潮世代已經從勞動梯隊退休，卻又不想停止工作，所以現在正處於一種「預備退休」（pre-tiring）狀態。美國考夫曼基金會（Kauffman Foundation）出具報告顯示，當今這些五十五歲至六十五歲人口中，六五%可能比二十歲至三十四歲的小夥子更勇於創業。

另一方面，凱倫·維克爾並不自認為是創業家，她只是深諳「轉譯」之道，並因此編織出強大的人脈網絡。斜槓樂齡族不只是編輯，由於他們十分擅於理解他人及對方的溝通風格，因此也是技巧純熟的轉譯者。凱倫擁有日積月累的人脈網絡，加上高明的轉譯技巧，讓她在年近七十歲時可以成為好幾家自己信得過的非營利機構董事會成員、科技雜誌的顧問專欄作家、編輯策略師、顧問和作家。凱倫說：「這一切都代表了我的雙親幾乎無法想像的非正規職業道路，它卻是一條我親手披荊斬棘、且很適合我的路。」不僅如此，未來幾年，嬰兒潮世代與X世代也會越來越熟悉這套模式。

創造全新的人生大事紀念儀式

凱倫是個標竿人物，這輩子時時都在重新自我改造，當她過渡到身兼多職的模式時，她不太需要調整。但對我們大多數人來說，中年以後職涯大轉彎會導致不適和不安狀態，尤其如果你還感覺自己正往錯誤方向前進，好似蝴蝶反過來回轉成毛毛蟲般一整個怪。這種感覺一部分是因為我們習慣這套「學習、賺錢、退休」的既定劇本，一旦走岔了，社會也不曾為我們做好職涯轉型的準備。

有史以來，個人從人生某個階段邁入另一個階段時，社會創造特定儀式的慶祝活動或儀式（rites of passage）彰顯這件人生大事，無論是出生、青春期、婚姻、生育或死亡，用意是卸下當事人目前的角色，並為他們的新角色和地位鋪路。

但職場中幾乎不存在這種階段式慶祝。沒錯，有些公司會慶祝員工服務屆滿整數週年，而以前你只要一滿六十五歲就會收到金錶或其他紀念物，提醒你已屆退休年齡。甚至在職場中即將步入「輕老族」的員工，也有必要創造某種認知，亦即我們若只是中規中矩地走完職涯之路，就沒有完全發揮人生發展階段的潛力。你可以想像，一名第一次當主管的人進行一道簡單的儀式，從此獲得心理和精神支持，進而更加理解自己的新角色；或是六十五歲的老員工離職轉而攻讀碩士學位，最後以一場畢業典禮昭示轉型成功。我真希望我剛加入 Airbnb 時有這麼一場催化儀式，協助我早點進入狀況，理解斜槓樂齡族這個新角色。

我誠盼，這本書將成為那些張臂擁抱斜槓樂齡族角色的讀者一項文青風慶祝儀式。一百多年前，法國人類學家阿諾・范・蓋內普（Arnold Van Gennep）研究許多原住民社會，並將一場典型的人生大事慶祝儀式區分成三道關鍵階段：（一）「切割」過去；（二）一道「門檻」，亦即一個當事人夾在人生兩大階段之中感到不舒服的空間；（三）「融合」新角色重新返回社群。社會中有這麼多文化基石，從作家喬瑟夫・坎伯創作《英雄旅程》的敘事手法，到《星際大戰》（Star Wars）系列電影，就這一點而言，還有許多經典大片也包括在內，它們都循著范・蓋內普二十世紀初開發的路線前進。但現實情況是，當今大多數成年人都未曾意識必須跨過這些門檻，這就是為什麼他們在人生下半場會感到空虛與不完整。

不過好友瑪莉安娜・露絲雪（Marianna Leuschel）卻是個可愛的特例。接近六十歲時，她的設計和諮詢公司業務蒸蒸日上，於是想放慢腳步。她知道自己得和過去做個了結，過渡到下一個讓人不安的未知世界，便決定找一座充滿鄉村風情的墓園，租下美麗的追悼會場辦一場結業式。她邀請二十多年來為她工作過的所有人，連同家人、朋友前來慶祝，期間她對每個人短暫致詞，始自第一名員工終至母親（堪稱她畢生創意的鼓吹者），回顧對方在這一路上如何感動她，並盼望這個經由她一手創辦的小工作室凝聚而成的社群可以繼續欣欣向榮，未來仍將以某種形式成為她的一部分。確實如此，她將休一段沒有期限的長假，之後會重返崗位、繼續投入她最熱愛的業務，亦即協助客戶訂定品牌策略與說故事，但再也無須煩惱如何經營一家中等規模的設計工作室。

並非我們所有人都能像瑪莉安娜一樣有創造性，懂得打造個人專屬的過渡儀式。為了導引你完成自己的英雄旅程，我在往後四章提供幾門課程。原住民社會已經循此途徑數千年，除了送上慶祝蛋糕和眾所周知的金錶之外，此刻正是我們探索讓它在職場正式落實的好時機。

我的第一門課寫在第四章，將討論自我進化之道或編輯你的身分，解決這道儀式中的「切割」環節。在求召（vision quest）時，指的是你幾乎是赤身裸體被送往荒野。好比你在這個工作環境中突然來個職涯大轉彎或就業大變動，有時感覺真的很像赤身裸體被送往荒野。如果你沒有處理好切割這個環節，邁入下一個階段就會異常艱難，就像船隻要是沒有先清空，根本就裝載不了貨物。

第二和第三門課分別寫在第五章和第六章，你會學到，採納初學者心態並極致化你的協作技能，正是置身門檻空間時，鍛造嶄新方式以便適應全新落腳地的好時機。就我而言，屏棄「越老就必須越明智」這種角色後，讓我得以同時身兼導師和實習生。此外，當我度過前幾個月自覺像蠢蛋的科技新手撞牆期，開始掙脫過往身分，我就像個小小孩一樣，經常感受到驚喜與敬畏之情盈滿生命的奧秘，體驗快樂的程度遠超過自己所能想像。人到中年，沒有什麼事能比重新認識名為好奇心的童年時代老友更讓人雀躍前進了。而我在這個新落腳地看到自己融會貫通的智慧，如ＥＱ和協作能力，更有其價值。

當你成為組織中的明智顧問時，融合的能力就會在這段旅程接近終點的時候顯現，這部分就是第四門課，寫在第七章。隨著我的協作精神在團隊會議中益發明顯，越來越多的員工都來尋求我的私下建議，到最後幾乎是全公司的部門都找來了。你讀完第七章以後就會知道，長者這個新角色就是服務人群。這條由原住民社會開創的道路貫穿人類歷史，此時此刻正是我們讓它在職場正式落實的好時機。

發展心理學家艾瑞克．艾瑞克森（Erik Erikson）認為，成年期有一部分定義是遭逢精力充沛對比我們絕望無法貢獻所長的危機。要是你依循課程修習，找到一處可以看到自己正在創造價值的落腳地，毫無疑問你將不只感到意義重大，還會自覺斜槓樂齡族這個角色其實不可或缺；更棒的是，根據你能影響他人與整體組織的程度，你會明白自己正在創造有益後人的遺產。

有關退休的年齡歧視

「以青年為中心的文化，讓我們與未來的自我背道而馳，因為，當許多人被問到五十歲、六十歲或七十歲以後的人生……腦子經常是一片空白，或者只預見一幕病懨懨、黏答答的模樣。這份模模糊糊的社交地圖，把生命中最後三分之一的時光變成一個未知國度……我們可能還畫不出新國度的地圖，但它們與其他行動的相似之處或許可以提供一些指引……首先，大聲宣告這個擁有共享經驗的族群存在，可以提高能見度；接著掌握自主命名並定義此一族群的權力；然後認同這個族群的成員一個個『站出來』的漫長過程；最後要發明新字眼描述過往無以名狀的經驗。」

——葛羅莉亞·史坦能

雖然嚴苛的三階段人生說漸漸不再一體適用，進而創造更多無視年齡的職場，這一點頗鼓舞人心，但其實在今天的就業市場中年齡歧視仍是醜陋事實。作家泰德．費雪曼（Ted Fishman）將之喻為「全球年齡套利（global age arbitrage）」，意思是工程師與其他產業員工一旦年紀漸長，就會被視為是福利支出上的負擔，業主寧願貼錢交換年輕的勞動力。雖然一九六七年通過的《就業年齡歧視法案》（Age Discrimination Employment Act）禁止歧視四十歲以上的人，但最近美國退休人員協會公布一份調查顯示，年齡介於四十五歲至七十四歲的勞動人口中，三分之二表示曾目睹或遭遇年齡歧視；再者，近十年來，矽谷前一百五十家科技大廠爆發年齡偏見控訴的數量多於種族或性別偏見。

種族歧視是一種社會病症，在當今已開發國家大部分地區，我們可以將「表象歧視」納入其中。年齡相對於疾病的奇怪之處在於，疾病本身的存在就是對我們的一道警告，因此我們可能早在別人發現之前就感受到它的威力，但他人對年歲日大的感受卻比自己對馬齒徒長更強烈。不過，我們經常把年齡和疾病畫上等號，要是我們把「成長」這個字眼替換成「年長」，同時理解它是一道花一輩子才會走完的漸進式過程，而非一樁會在人生下半場才發起攻擊的行動，這樣是不是好一些？我衷盼，有關退休的年齡歧視真有這麼簡單就好了。

年齡歧視影響我們所有人，有些年長員工甚至感受得更痛苦。有些人年逾五十仍拒絕安靜步下舞台，在求職被當成透明人後選擇自創事業；但對其他人來說，就業市場的年齡歧視更嚴重。對備妥生活儲蓄金、有能力創業或找得到諮詢工作的人來說，差別或許不大，但是法國文豪伏爾泰（Voltaire）評論所謂法律之前、人人平等時說得好：「富人和窮人同樣都禁止夜間在橋下睡覺。」顯然，對某些群體來說，平等與年齡歧視並非一體適用。

女性感受年齡歧視影響的程度不成比例。全球人力資源諮詢龍頭美世（Mercer）的創新主管兼合夥人依凡．桑西諾（Yvonne Sonsino）說：「女性壽命更長、收入更低、更可能從事兼職工作，因此最有可能出現職業缺口。結果是，她們的養老金總值比執行同樣工作的男性可能會打折四〇%。她也是《長壽新法則：不被活太老打敗》（The New Rules of Living Longer: How to Survive Your Longer Life）作者。美國舊金山聯邦準備銀行（Federal Reserve Bank of San Francisco）的研究結果發現，年長婦女儘管資格符合職缺，但接到的回電率顯著比同年齡層的男性低，因為好萊塢不斷告訴我們，年長男性被認定是「傑出」，但年長女性「就只是年華老去」。

一項英國的研究警告，企業正將年長員工變成「被遺忘的世代」，儘管他們具備經驗和知識，卻感覺職場中沒有人想聽他們的意見——超過五十五歲的族群中，僅一七%相信資方重視他們在組織中提出的意見；相比之下，不到二十五歲的小夥子中卻有三七%這麼認為。這種情形會影響個人心理，甚至危及健康，正如研究顯示，這種負面看待年老的刻板印象甚至會縮短老年人的生命。耶魯大學教授貝卡·列維（Becca Levy）發現，對年老抱持積極心態的長者比負面看待的長者壽命多出七年半，增幅遠大於運動或是不抽菸。亦即，樂見日益年老的前景，你的壽命就會比較長。

不過，年齡歧視是雙刃劍。有個嬰兒潮世代的朋友眼看優步領導階層垮台後對我說：「什麼時候開始，批判青年團（young Turks）變成混球青年團了？怪的是，青春期的英文字彙puberty也夾帶了優步的英文名稱Uber。」不過，我們也得明白，優步面對諸多挑戰，不該特別歸咎千禧世代領導高層；在前執行長崔維斯·卡蘭尼克（Travis Kalanick）主事期間，多數資深主管都早於千禧世代。

當一家企業像多數矽谷獨角獸一樣迅速成長時，你擴展業務的速度會比增聘員工與擴展流程快得多。在一家下轄五百名員工的企業掌管某個部門的經理人，一旦三年後員工總數衝至二千五百人，他可能不再是適合人選；但是，在這段激速成長過程中，如果團隊裡正好有一位經驗豐富的領導人，看得出來水面上的冰山僅是其中一角，這當然會大有幫助。我們從未在全球任何地方看到成長如此迅猛的企業，所以這一點再度強化經驗豐富的領導者應該與年輕的創辦人、執行長配對的論述。

我根本算不清楚，究竟被別人稱為「成人監督長」或「房間裡的大人」多少回，好似這些千禧世代的共同創辦人和同儕都是小北鼻。我進入 Airbnb 的第一週，還收過一位飯店經營前輩的歡迎簡訊：「奇普，這一步對你有好處。協助年輕人改變世界，但請務必要記得幫他們換尿布。LOL。」這個傢伙竟然懂得 LOL 這三個字母縮寫的意思（大聲笑，laugh out loud），我著實有點驚訝；對我來說，LOL 意味著遜咖老魯蛇（lame old loser）。

然後是二〇一七年七月《紐約時報》的讀者投書，將這些業界的年輕初創家當成小孩子對待：「我一直想到狗鍊，而且是那種有通電、阻止牠們跑出後院的狗鍊。何不拿這些產品矯正科技業、金融業那群壞小子的作為呢？」這篇文章繼續嘲笑以前臉書工程師的精神標語，說「快速行動，打破成規」（Move Fast and Break Things）是學步孩童而非年輕執行長的行為。

現在正是世代之間停止謾罵，認清我們其實可以教學相長的時刻。我們從未見過這種型態的職場，才華洋溢的三十歲年輕人可以指點年齡多出整整一倍的明智長者未來技術，六十歲員工則能為天賦異稟的早熟年輕主管提供情感、領導和人生通則建議。這個千載難逢的機會就在眼前，我們理當明智把握。

∴ 重返菜鳥期

現年六十四歲的彼得・肯特（Peter Kent）兩次引退都失敗。他花了三十年協助領導十家初創企業和力圖扭轉頹勢的公司，其中最成功的例子就是花旗銀行下轄的自動交易平台（Automated Trading Desk）。他加入那一年已經四十九歲，但全公司員工平均年齡是二十七歲，就連執行長都比他年輕十五歲。自動交易平台改變華爾街交易的運作方式，從手動模式轉型成多數流程自動化的系統。投資者經常把他帶進企業內，扮演他們的「成人監督長」角色，但這個封號內含不尊重年輕創辦人的貶義，常讓他裹足不前。他認為自己的角色毋寧是轉譯者，將年輕的願景轉化成優秀的經營。

這一次，他接到全球獵人頭公司光輝國際（Korn Ferry）副總裁艾倫・奎里諾（Alan Guarino）的電話。他耐著性子聽艾倫敘述三十五歲創業家喬安娜・萊利（Joanna Riley）的故事。她是科技業年輕女性的導師，共同創辦科技公司一頁（1-Page）並擔綱執行長。一頁利用人工智慧技術尋找最佳員工，可望改變企業求才方式。她創業的基礎是父親所撰寫的一本書，其中論點主張求職者的評估基礎應該是自身能力，而非過往的成就、經驗、年齡或性別。二〇一四年，她帶領一頁成功在澳洲證券交易所公開上市，近來股價飆漲至原始價格的三十倍，但顯然這家企業處於脆弱狀態，彼得只是不知道究竟有多麼脆弱。

喬安娜尋找經驗豐富的營運長／財務長過程既痛苦又費力，因為似乎所有候選人都走同一套超浮誇的財務預測路數。全體候選人都比彼得年輕，而且每一名令人印象深刻的應試者都好似超級業務員，對一頁的前景無比樂觀，反倒是喬安娜不埋單。彼得剛好相反，他主導了面試過程。

「他問我，我打從心底相信什麼。他教會我一些事情，不僅與商業有關，更與領導統御有關。可笑的是，他才是應該接受我面試的對象。他擁有風度和權威感，但與自我推銷完全無關。我請他和我的團隊來一場『邊用餐邊學習』談話，但與會者都不知道他即將成為我的『左右手』。大家陸續提問時，他說，『如果你不曾真正與團隊擁有同樣的準則，保證你一定失敗。』當下我便明白，我們內部真的沒有一套通行各部門的準則。我不知道這一點將很快就變得十分重要。」

彼得獲聘，但打從他加入公司那一天起，股價就開始無量下跌。他和喬安娜得知，激進派投資人欲將現任董事會權力架空，正四處收購委託書，以便發動收購行動。彼得知道沒有時間可以浪費，於是加快腳步學習，並要求喬安娜和領導團隊分別「教會我你們的業務」。他邊聽邊吸收，很快就與之建立深厚關係，沒多久，喬安娜決定拔擢彼得成為執行長，自己升格為總裁。他們共同做成艱難但必要的決定：大幅刪減營運成本達四〇%。彼得已預見前方風雨欲來，於是建議對員工展現百分之百的透明度，因為不久後公司即將亂成一團，信任將是他們的頭號資產。

事實上，一頁的股價曾是澳洲股市有史以來漲速最快的飆股，但如今已成為下挫最兇的跌股，激進派投資人也已經在董事會中站穩腳跟。故事的重點來了，多數和彼得一樣坐大位的人可能早就棄船逃命，但他為了兩個理由堅守崗位。他正在尋找一家具備卓越計畫、足以破壞一門產業的公司，他覺得一頁在全球招聘的領域或許有機會辦到；他也在尋找機會與年輕、有創造力的人才合作，對方足以與他的技能截長補短。喬安娜精於銷售、產品與願景，彼得則擅長財務、科技與營運，儘管是意外，但兩者一拍即合，建立起一段沛然莫之能禦的合作關係，超越年齡與性別。

雖然我早已數度與他倆透過電話、電郵交談，但雙方第一次碰面卻以一種讓人完全相信他倆聯結十分緊密的方式展開。我抵達約好的會面場所時遍尋不著兩人，於是我致電喬安娜。讓我驚訝的是，接聽者竟是彼得，他提到喬安娜正要結束一場午餐會，他們很快就能準備好與我會面。當我們雙方就座，顯然這對一起領導公司才六個月的搭檔，已經打造出一段改變彼此人生的緊密關係。

他們告訴我，激進派投資人如何從他們手中奪走控制權，甚至不惜放出假消息，說彼得已經下台求去誤導大眾；他們也詳述一頁的股價急劇波動，導致澳洲證交所勒令暫停交易。不過，半年來，彼得和喬安娜在這場高風險的財務混戰中只有兩次意見不合。

最後，他們的對賭終獲回報。隨著一頁逐步從公開上市企業蛻變成私有化企業，換上全新企業品牌和友善的投資者，彼得一路協助引領全公司險度艱困時期。而且，早期投資人的敵意影響員工那段風雨過後，彼得和喬安娜以完全透明作風為自己贏得信任，也因此重新找回多數關鍵員工願為新公司聖西亞（Censia）效命。它正成長茁壯。

這對由千禧世代創辦人攜手嬰兒潮世代共同創辦人的組合，年齡就差了將近三十歲，原本是一段看似不可能的合作關係，最終卻能共同窩在散兵坑中打仗半年。如今他們正一起策劃公司的未來。喬安娜經常為了彼得一路上不離不棄感到震驚，她說：「我很幸運，年紀輕輕就體悟到長者身上有太多經驗可以學習。最初是家父的點子讓我創辦一頁，而且他也在我還是青少年時就教我要尋找導師。我知道，是我的願景、熱忱協助公司走到今天，但若沒有彼得加入我、跳進火坑苦幹實幹，我不確定我們是否仍在這一行。」

彼得告訴我，每次他加入一家新公司都會再次覺得自己像是菜鳥，這回與喬安娜開創業務的經歷格外體會真切：「上天給我的禮物就是要終身學習，然後能夠應用在具備恢弘經營理念的傑出年輕領導人身上。雖然我加入這家企業部分源於財務機會，但我留下來是因為，投資喬安娜這樣的人才可以獲得心理上的報償。她不只是一位出色的學習者，更能時時回饋新知給我。我不確定我還會想要退休。」

聽完他倆的故事後，我無法不聯想到夏姆士與魯米，他倆在社群拚命試圖將他們分開的時代背景中創造出一段互信關係。夏姆士努力協助魯米發現日常生活中蘊含詩歌般的智慧，魯米沉吟鮮花、愛情和水的奇妙。他看見水的無形，被裝在什麼容器裡就會變成什麼形狀，如果把水倒出容器外，它就會蒸發返回大氣中。同樣地，當人的身體停止呼吸時，靈魂就會離開，返回最初來處。我們可以說，智慧就像水一樣，能夠適應環境從而對生命充滿希望，一旦任務結束，它就會隱入集體意識中。

魯米是名智者，很久以前就定義我們的三階段人生說。但此刻或許該把斜槓樂齡族加入魯米的人生三階段說，搞不好可以當成第四階段……我很生嫩、我開始嫻熟，然後我燃燒殆盡，最後我又變回生嫩。

讓我向你介紹可以協助你重回生嫩的四堂課程，這一切全都始於改變你穿戴的外衣。

第 4 章

第一門課：進化

「我想，當一個人年歲漸長，他會心驚膽跳自己是在虛耗光陰而非踏實度日。習慣、身體走下坡加上消化經驗的速度較慢，都讓他開始冷眼旁觀寶貴人生猶如一件成衣、浴衣、雨衣、制服，每天都行禮如儀地別上鈕釦……對我而言，找到一項補救措施，就是嘗試完成困難、新鮮的任務，重新確立自己的真本事……因為，在這些時刻裡，人生不只是得過且過，更是個人所作所為的體現。」

——《席薇亞·湯森·華納的往返書簡》（The Letters of Sylvia Townsend Warner）的編輯威廉·麥斯威爾（William Maxwell）

「你是如何把恐懼轉變成好奇心？」

這個問題出自家父之口。那時是二〇一三年，我們一起去爬山，就離他位於矽谷的銀髮生活社區不遠。幾週前我才加入Airbnb，整個人頭昏眼花，卻不是因為爬高。我的人生像是坐過好幾回旋轉木馬不停轉圈，所以對焦慮感已經習以為常。但這次不一樣，感覺更沉重，好比馱著八十公斤重物徒步穿越小徑。在當時，我還沒有意識到自己背包裡滿是過去的身分。

我和父親分享自己置身年輕人國度中格格不入的感受，但正如本章開頭引述席薇亞．湯森．華納的語錄，你要是過於專注往昔行頭而非正視本尊，就會忘了自身該貢獻的真實與特殊天賦。

歐洲工商管理學院（INSEAD）組織行為學教授荷蜜妮亞．伊巴拉（Herminia Ibarra），是全球研究職涯轉換及過程中種種局限感的權威之一。許多人都過度將自我身分認同感融入工作中，當我們置身轉型期，一如偏離正常的徒步路徑時，就會產生某種模糊感、迷失感。當你與工作「互許終身」，轉型的感覺就像離婚，這一點不足為奇。

部落社會中有社群儀式可以協助族人安度重大生活轉變，好比婦女生育、兒女轉大人、家人過世等。然而，正如我在上一章所述，現代職場並未提供我們這類儀式，結果是我們從毛毛蟲蛻變成蝴蝶的過程經常像在演內心戲，家人、朋友或同事都渾然不察。也因此，孤獨和孤立會乘機生根、發芽。我們過去種種標示著成功、失敗的身分，就像是衣櫃裡的行頭，當它們阻礙我們內在轉化時，心裡就會產生前不著村、後不著店的感受。這就是我腦中想像，當業餘馬戲團表演者得先放手高空吊架握把，才能改抓眼前的鞦韆橫桿時，心中必有的感受。

伊麗莎白．懷特（Elizabeth White）五十五歲轉職期間就體會到那種局限感，電話不再作響更是毫無幫助。這位精力旺盛又聰明的非裔美國人擁有哈佛商學院、約翰霍普金斯大學碩士學位，曾任職世界銀行專案官員，在許多方面都十分善於打破成規。不過她幾乎無法只靠時有時無的諮詢顧問專案謀生，因此有時候會覺得自己好像毫無存在感，處於價值急貶的無力狀態。那種感覺就好比她在 TEDx 演講中所形容，已經「進入『我以前』和『我曾經』這樣的不確定世界」。但很快，她意識到不只有自己作如是想，開始注意到其他曾經戰功彪炳的中年大叔大嬸們，突然間也都淪於入不敷出的窘境。

伊麗莎白很快就明白，雖然我們可能無法到了中年都還能重新開創職涯，但可以重新調整心態和期望；換句話說，自我進化。現在，伊麗莎白到處演講、著書並創辦中年人社團「韌性圈」（Resilience Circle），分享這份得來不易的頓悟。她說：「當你的全部認知都是源於你的職業身分，一旦摘掉光環，你就會不知道自己是誰了。但是，韌性圈見證你仍然存在，而且持續進化；再加上你已經揭開面紗，大家看得到你虛飾外表之下的真實瑕疵。」

對我來說，虛飾外表之下的真實瑕疵，是以一捲在腦子不停重複播放的錄音帶表現出來：我接下這個新角色，能否像以前擔任自家公司執行長一樣出色？這次，恐懼似乎縈繞不去。二〇〇六年至二〇一一年，我有四名好友尋短，部分原因是他們無法面對職涯或事業急轉直下的恐懼，當時他們都四十多歲，正好處於幸福感U型曲線的谷底，卻不知道之後即將開始往上攀升。我自己那段時間也很艱苦，每天一早醒來會先冥想，然後聽聽加拿大創作型女歌手凱蒂蓮（k.d. lang）低聲輕哼的〈哈利路亞〉（Hallelujah），當作鼓起勇氣面對全新一天的方式。

在缺乏儀式協助我融入新身分的情況下，我轉向書籍求救，其中包括卡蘿．杜維克教授的著作《心態致勝：全新成功心理學》。她說，擁有「定型心態」（fixed mindset）者通常視自己的技能、屬性、身分為靜態、不受變化影響，而且總是追求證明自我：往往過分關注別人如何看待自身，並專注避免重蹈覆轍；另一方面，擁有「成長心態」（growth mindset）者相信自己的能力會不斷進化、改變，因此樂於接受為了自我改進而犯錯的風險。家父的問題協助我轉向令我好奇的未來，而非固定在過往的舒適圈，並促使我在剛起步那段時間採納成長心態。

再者，有關「心態」的話題成為布萊恩．切斯基和我討論的話題來源，這一點並非巧合，因為我們都想要創造一種致力發展成長心態的企業文化。你身為個人或企業，在冒險尋求持續改進的同時也會自我演化。

∴ 穿新衣、戴新帽

關於長者，有個迷思是我們越老邁就越沒有動力改變，也就是積習難改。我們的習慣會日益簡化，身、心、靈亦隨之萎縮。這可以用來解釋我們不想踏入新環境，因為它們會帶來改變。我在接近六十歲時開始學西班牙語，然後我發現，英文的習慣（habit）或慣例（custom）翻譯成西班牙文就是 costumbre，省略 br 兩個字母就是英文的衣著（costume）。我們之中有多少人願意在人生下半場的時候換穿新衣？

我在為這本書做研究時找到各種引人入勝的資料，其中最喜歡的一份報告是傑克・詹勒（Jack Zenger）與約瑟夫・霍克曼（Joseph Folkman）二〇一六年聯合在《哈佛商業評論》發表的文章〈年齡與性別如何影響自我改進〉（How Age and Gender Affect Self-Improvement）。他們將卡蘿・杜維克的定型心態與成長心態當作基礎，透過自我評量與同事的三百六十度評估研究了七千名商界人士，發現資深員工對自我改善抱持更開放的心態，對批評的反抗心態也較低，因為隨著時間拉長，他們會聚焦自我改善而非自我證明。研究人員也發現，自信心比較堅強的個體通常更願意主動改變。

此外，詹勒與霍克曼也發現，年齡和自信之間有直接關係，特別會顯現在年屆六十多歲仍主動持續追求成長的女性身上；反之，男性到這年紀都開始退步。總而言之，我們的進化不會一到中年就停止，反而還可能加速。

職涯或可說是證明存在的定錨，將我們與自我認同拴在一起。這就是為什麼我們失業時會感到如此漂泊無依，或是轉換跑道時會頓覺迷失；也是為什麼當我們自覺站上人生巔峰期，年齡歧視或年輕人任用親信之舉（即年輕人聘用年輕人）卻阻斷我們的職涯之路，可能會讓我們怒不可遏。沒錯，隨著我們年紀越大，阻礙可能越多，但我們抵禦暴風雨的能力也可以隨之增強。

也許日益增強的自我意識、改變衣著的意願，能讓我們開始卸除太多舊身分留下的負擔。當你扮演完所有角色，就將所有戲服拋去一旁，也放棄過往慣例，然後你就可以留下最純粹的自我——此時，你才會開始覺得有趣。正如我在第二章所述，長者即編輯。當我們步入中年就會開展創造性的進化，其間我們會強化自身的特殊性，同時也刪去無關緊要的部分。我們累積實力一輩子了，現在可以專注完成自己最擅長、能賦予自身意義，而且讓我們想要遺愛後人的事情。我們再也無須遮掩。

你的履歷是建立在「重來」這個動詞之上，但你的人生下半場比較可能演出金蟬脫殼的戲碼，而非穿上同一套戲服再演一遍。作家凱薩琳·費雪（Kathleen Fischer）建議，一個人來到人生下半場之後，「應該經歷一場轉變，體會放棄老調重彈，以便找到全新調譜重新翻唱的經驗。」

我的標竿人物之一是六十三歲的藍迪·高米沙（Randy Komisar），他教會我一些關於中年人生荒腔走板、改變身分的道理，也告訴我正因如此、所以要變得更好。如今，藍迪是知名風險創投公司凱鵬華盈（Kleiner Perkins Caufeld Byers）合夥人，不過他其實是汰換許多戲服後才找到真正合身的衣著。正如他在二〇〇〇年時對《哈佛商業評論》所說：「按照傳統標準來看，我的履歷根本一塌糊塗。二十五年間換了十一個東家，更別提職稱有如一盤大雜燴：社區發展經理、音樂推銷員、企業律師、科技初創企業財務長、影音遊戲公司執行長，這還只是其中一些呢！我一下往左轉、一下往右轉，再來個大逆轉。單看我的履歷，沒人會想雇用我，直到最近幾年才可能有公司對我感興趣；它們也真的是看重我。最後，對我們雙方來說，這輩子『一事無成』的職涯反倒是相當管用。」

藍迪曾在三家不同公司與第二章提到的「教練」比爾．坎貝爾密切合作：蘋果、軟體商加里士（Claris），以及平板電腦運算系統往前走（GO）。他在四十歲時領悟，自己年輕時的衝勁如今已經失去一大半了，正如他解釋：「我看到自己必須從比經歷、比速度的做法，轉向比判斷、比沉著。在那一刻我展開冥想練習，至今不輟。我變得更自我覺察、神志清明，因而生出智慧。我能夠客觀檢視自己過往所有身分，因明白應該要學著從過去的失敗中解脫，更不要戀棧成功。如果把過去所有包袱全揹在身上，想當然就不能學習，也無法容忍異己。我在四十多歲時也學到要適當調整自我。」

穿太多衣服的難處不僅在於它們確實會把你壓垮，更在於過往的包袱也會讓你心有旁騖，看不到未來有機會穿的衣著。伊斯蘭神秘主義蘇菲教派（Sufi Order）前任西方負責人皮爾·維拉亞·尹納亞·汗（Pir Vilayat Inayat Khan）針對自我進化提出建議：「我們為了將專業知識傳授給下一代，必須要加速改變自己；事實上，甚至要比年輕人更快……如果你不知道自己可以成為全新的人，就會繼續拖著舊日的自我形象邁入新世界；你將被他人超越並且顯得多餘，無法為我們這個進化速度勢如破竹的星球做出貢獻。」蘇菲教派信徒和詩人魯米一樣，是第一批以「旋轉儀式」（whirling dervishes）做苦行的僧侶，將之視為洗刷塵世認同、抵達超然境界的手段。

:· 重新構建對比重新改造

世界日新月異，我們亦然。在這段轉型期間，更重要的是擺脫過時的自我認知或不合身的服裝，以下定決心編輯、能與靈魂連結的信念重新構建它們。五十四歲的梅琳娜·莉柳思（Melina Lillios）在夏威夷檀香山一所高中擔任英語和戲劇老師十五年，也是五年級與六年級學生的創意寫作與戲劇老師，並在大學傳授人際溝通課程十二年。二〇〇四年遭逢母親去世辛酸慘痛的經歷後，她明白自己雖然深愛她的學生，也為他們創造一個學習環境，但實在厭倦成為「體系」的一分子，還得向僵化的教育當局負起責任。因此，母親過世後，她短暫脫離教學人生，重拾往日對旅行的熱愛。她高中時就已考取旅遊仲介的證照，依據個人心法打造旅遊事業的想法，就像是一場天外飛來的頓悟。

梅琳娜自問：「何不結合自己對教學與旅行的熱愛呢？」況且，身為「意志堅定的希臘與巴西後代女性，家母過世為我帶來一股急迫感，我想要自創事業，掌控自己的命運。」她這麼回憶。於是，生活歡笑愛旅行社（Live Laugh Love Tours）就此誕生。

儘管對她來說，這場全新冒險超令人興奮，她還是要先克服心魔。「打從二十多歲以來，『不善理財』總是讓我頭疼。我知道自己很有創意，但非得一再提醒自己，我這一輩子是多麼直線思考、注重細節；我得對自己的行程規劃能力有信心，因為一趟為期兩週、人生最美好的海外旅遊，非得注重細節才辦得到。」所以梅琳娜循序漸進，慢慢帶領生活歡笑愛邁向成功。誠如許多步入人生下半場的企業家一樣，一開始她也只是兼職做。

梅琳娜越專注使命的本質，即藉由旅遊改變客戶的生活，就越堅定想擁有身為企業家這個最新身分。生意蒸蒸日上，即使是生平首次規劃的行程也只花三週就售罄。如今，梅琳娜就像前一章提及的凱倫・維克爾一樣，自承她能促成中年轉型，是因為看清自己的天分其實遠超越職缺內容所要求的資格，能力也絕非僅只於完成交辦任務。她只是體認到，雖然她熱愛教育所有年齡層的學生，但不一定要侷限在教室裡。單憑這一點她就可以重新架構「教師」身分了。

當我打算賣掉心肝寶貝裘德威時，也不得不重新架構身分。我擔任執行長超過二十年，知道自己再也開心不起來，對一家企業而言這毋寧是一項減分，因為裘德威字面上的意思就是享受人生。不過，除了時局艱難，我們經營得很辛苦之外，我不太確定自己究竟不滿些什麼。我捫心自問：「最初究竟是什麼原因促成我創辦這家公司？」儘管二〇〇八年至二〇〇九年期間我充滿困惑，但我知道答案是什麼。我白手起家創辦這家企業是為了尋找「創造力和自由」，這兩項特質是我對成功的定義，但現在我再也感受不到它們。養活三千五百名員工，加上得向眾多飯店業主集團交代，我看不到短期內有轉機的徵兆。因此，我極低調地決定賣掉這家從未想過要脫手的公司，其中有很大一部分原因是我體悟到，創造力和自由是指引我前進方向的明燈，眼前該是我重返荒野、尋找另一種方式體現這兩項特質的時刻了。此外，有時候你重新建構的身分不只是個人價值觀發生內在轉變，更是從重新安排外在生活做起，以便再次把那些對你而言最能肯定生命價值的事物優先排在第一位。

我在 Airbnb 工作幾年後，它與家庭空間共享產業已經蔚為主流現象，我身為布萊恩導師這角色漸漸獲得媒體關注，許多飯店業老同事這樣對我說：「恭喜你成功自我改造。」我並不認為自己是想重新盤算要以什麼樣的姿態現身世人眼前，而是我可以自我進化穿上新戲服。正如席薇亞．湯森．華納所說，「不只是得過且過，更是個人所作所為的體現」。

我的化裝舞會穿搭史

我們每個人都是光著身子呱呱墜地，不過我剛好是出生在十月三十一日的萬聖節寶寶，已經習慣把人生視為一場不中斷的化妝舞會。我是個很有創造力的內向型小孩，青少年時期嶄露頭角的方式就是蒐集大大小小的成就，可以說成就感定義了我的認同感。我是史丹佛大學商學院同屆畢業生裡年紀最小的學生，不到幾年就自行創建飯店。第一家是走時髦風格、位於舊金山田德龍區（Tenderloin）的鳳凰酒店（Phoenix），它成為全球知名的搖滾樂汽車旅館。我在這裡照顧過愛爾蘭前衛女歌手辛妮．歐康諾（Sinead O'Connor）的小嬰兒、服侍流行女歌手琳達・朗絲黛（Linda Ronstadt）在床上用早餐，已故前總統之子小約翰・甘迺迪（John Fitzgerald Kennedy Jr.）參加在後院舉辦的婚禮時，還曾經向我借過袖釦。當《時人雜誌》（People）在報導中稱我為「奇蹟男孩」時，我才剛滿三十歲，但我已經養出走到哪裡都會被稱讚的癮頭了。

我花了近二十四年扮演餐旅業破壞王，將自己眼中的裘德威小帝國拓展到全加州共五十多處分店，結果金融海嘯肆虐將市場打至谷底，迫使我出售資產。我原以為自己會坐在裘德威執行長寶座直到八十歲，但幾乎在一夕之間，我的天職就變成一份工作，快感有如退潮。對我們許多人來說，「蛻化」是一道漸進的過程，最後全世界才會看到我們的新身分。在我蛻化的期間經常感到孤獨，偶爾伴隨著困惑，因為很難向他人說明激進改變身分的用意。有鑑於我花了差不多兩年思考這麼一場演化，其他人更加無法接受旦夕之間就拋下企業主舊身分的做法。英文中的「服飾」（costume）和「慣例」（custom）發音相近不是沒有道理，因為以我這個叛逆飯店業主來說，我們的服飾能遷就小而舒適的習慣，扯掉它卻會像撕開ＯＫ繃一樣疼痛。以前我也曾經歷過這種生嫩、赤裸的感覺，但這次在 Airbnb 的體會大不相同。

我身為斜槓樂齡族的第一堂課，就是得「策略性失憶」部分過往的職業身分。Airbnb 不需要兩位執行長，布萊恩即深具潛力成為當代一流表率；他們也不需要聽我這名才剛學會「共享經濟」一詞的好奇闖入者夸夸而談，強塞長輩智慧之道。我再也不是「講壇上的聖人」，反而是轉型為「站在旁邊的導引」。在頭幾個月，我把傾聽、觀察擺在任何事之前，盡可能不做評判或提出自以為是的意見。我想像自己是文化人類學家，著迷並驚喜這處這新棲地：我自許為現代男性版人類學家瑪格麗特．米德（Margaret Mead），置身千禧世代中做觀察。

跨越專業疆域確實很類似人類學探險。首先，你學習新的語言。就我來說，我發現，當年輕女性互稱「老姐」（dude），而且有人對某件事的「意下」如何，其實弦外之音是她們「看上」了那件事。此外，雖然不存在正式的小圈圈儀式，但有些文化規範仍需要適應。所幸，我和許多嬰兒潮同輩經歷的職業轉型境遇不同，沒有人對我視而不見。我是個年事已高的餐旅服務業巨星，剛好又是火人節董事會成員，加上大家都知道布萊恩埋單我的建議，所以我適應環境當然可能比其他人容易。

表象看起來很不錯，其實關起門來不然。我承認，過往的身分是被大眾欽羡的眼光圍繞，簇擁上舞台中心。但現在我已經進入幕後，給領銜男主角提供舞台指導，也就是從頭條人物轉成表演教練。所幸，三位創辦人都具備成長心態、天資聰穎，而且毫不遲疑願意接受幾乎是父執輩的外來長者建議；所幸，正如你在第二章中讀到，我在檯面下指導、檯面上實習，因此彼此互益良多。

我也經歷出乎意料的解放感。再回頭談裘德威，那時我被「老闆包袱」壓得喘不過氣來：身為大權在握與代表企業的大當家，我究竟是受到敬重或厭惡？我剛進 Airbnb 那段時間日趨進化，因而明白其實可以選擇自己的角色、編寫自己的劇本……或者，根本就沒有腳本？再者，我和許多年逾半百的人一樣逐漸受使命感吸引，而非實現自我。在這場餐飲服務業大眾化的運動中，協助號召下令的年輕主子衝鋒陷陣，由他們帶領並聯繫成千上萬房東與房客，反倒激發出我深刻的使命感。

當我編裁掉曾是重要企業領導人的身分後，顯然我的影響力再也不是站上講台發表聲明，比較是扮演好標竿人物的角色。這讓我開始練習打造以前從未公開分享的個人名聲。不過協助我這個反對技術革新的盧德分子（luddite）發揮作用的關鍵，在於我的年紀比 Airbnb 多數具有技術頭腦的員工大了一倍。

刻意打造個人名聲

無論你的新角色是什麼、位居組織層級結構中的哪個位置，請謹記，你有更大格局的角色就是成為標竿人物，這一點很重要。越多千禧世代尋求你這位斜槓樂齡族的忠告，對你決定應該提問什麼重要議題、成為什麼人物就越有幫助。一旦你意識到這一點，就會開始認真看待自己的形象、名聲或個人品牌將如何傳達給他人。在這個 YouTube 和 Instagram 火紅的時代，年輕世代越發擅長經營個人品牌，你也該將它視為自我進化的一環。

就在我進入 Airbnb 即將屆滿三個月，開始看到我的一言一行有何影響，因此反過來敦促自己制定個人專屬的行為準則。正如我在著作《新CEO：做自己的情緒總管》（Emotional Equations）所寫，領導者是跟隨者的情感溫度調節器，我們這些領導者的習慣大有可能像傳染病一樣蔓延。我的準則基礎是尊重：如何讓人感受到尊重，以及如何贏得尊重。布萊恩請我協助將 Airbnb 發展成為一家裡裡外外十足是飯店的公司，我知道餐旅服務業的核心就是尊重。我條列一張習慣清單，希望不僅在同事之間互相效法，更希望全天下的房東與房客社群都採行。我以這種非常慎重的方法定義自己的名聲，同時遵行足以維持名聲不墜的行為。這是我以前自己當老闆時從未碰過的嘗試，但在這一處全新的棲地中，這麼做感覺上就像是強調自己是誰、代表什麼價值的核心。它不僅協助我帶著明確目的領導，還讓我進化出寓意更深遠的身分。這種做法的附帶好處之一是，身為這家企業的斜槓樂齡族，我帶頭樹立出我們的團隊與會議所應遵從的規範，打造尊重的模型可能會對周遭其他人產生骨牌效應。但總而言之，改變他人的最有效方法之一就是回過頭來傾聽著名的甘地教義：展現出你想要看到的改變。

以下是我刻意改進自己身分的其他做法，好在 Airbnb 做出不一樣的成績：

- （幾乎）總是準時參加會議，除了表示我尊重他人的時間，也協助建立一種不浪費他人時間的文化。
- 迅速有效地回覆，特別是來自房東和房客的電子郵件。我的規則是，必須在二十四小時內回覆每一封來信，即使只是為了確認收到並明定何時會再回覆；有時候若遇到特別忙碌的日子，一天可能多達四百封信。我要是看到員工、房客或房東發來的不滿電郵，會盡全力放下手邊工作，趕在十分鐘之內回畢（顯然我必須在行事曆中安排回應這類電郵的空檔）。

- 即時提供他人反饋，特別是員工考核，即時的私人反饋亦然。回應前會力求傾聽。
- 感謝 Airbnb 內部所有提供服務的員工，從自助餐廳的洗碗工、安全警衛、接待櫃檯人員等，以便提醒自己與其他同事，款待客戶並非展示熱情好客的唯一方式，每個人應該得到同樣的尊重。

我的目標是讓年輕的技術同僚知道，做回應可建立信任和尊重，如果你能體現箇中道理，找出解決方案、解決衝突就容易得多。因此，我非常關注哪些人認真回應，哪些人則對表現這種特質顯得無動於衷、漫不經心。我會盡力提供他們一些改進的私房秘技（也就是私下指點），我的一名直接下屬稱這類談話是「奇普的私房新訓營」（Chip's Stealth Boot Camp）。很快地，小型（或說是「私密」）行動與一對一溝通，而非以往還在當執行長時那種對著全公司演講的大型集會，就變成我進化中身分的一環。

我與工作關係最緊密的年輕同儕進行一對一談話，探詢我這種做法的評價，結果聽到一些精準得有如我的基因的描述：「情緒穩定可靠」、「樂觀精神」、「決斷有動力」，以及「善於爬梳故事情節」——其中一人是這麼說的：「你有用心聽我說故事，不是聽了就算，還會提出解決方案。」我們的名聲是一生中少數靠得住、帶得走的資產之一。事實上，甚至在我們履新之前，名聲就已被大能者遞送給新東家了，所以請務必認真看待自己的名聲。

你可以採用各種方式強調演化中新身分的積極面，例如：

- **打造一座協作橋樑：**你比其他同事多了一些歲數，可能具備他們還沒有的產業人脈。我是 Airbnb 裡唯一的銀髮主管，並有浸淫餐旅業數十年的背景，扮演「年長政治家」這個角色很重要；若用白話文說，就是國務卿了。這意味著我得邀請全世界一些規模最大的飯店公司執行長與資深領導階級前來總部，親身體會 Airbnb 為何能吸引千禧世代的旅者。幹麼這樣大費周章？對那些懼怕我們進入住宿市場後就會被幹掉的業者來說，要是我們真誠地與他們打交道，之後就很難繼續視我們為敵；再加上，即使周遭全是旅遊業舊識，我依舊對布萊恩畢恭畢敬，而非穿上我的舊戲服、偷走整個舞台。
- **保有人情味和幽默：**美國作家亨利．米勒（Henry Miller）建議我們，關於優雅老去最令人欣慰的一點，就是笑看世事的能力；他也說，聖人和傳教士之間的巨大差異，就是偶爾嘲笑生活的能力。在一家每年規模翻一倍、大眾會以各種理由拿放大鏡檢視的公司裡，其實很容易就會失去幽默感和人情味。所以，開放、真實並偶爾搞笑，也是我進化中身分的一部分。

- **保持冷靜和好奇心：**我將在下一章中詳論這道議題，但要說我是房間裡最聰明的人，我一定是跑錯房間了。年輕同事克萊門特．馬瑟萊特（Clément Marcelet）告訴我，有一回法國前總統法蘭索瓦．密特朗（François Mitterrand）的座車在尖峰時段塞在車陣裡，於是告訴司機：「開慢點，反正都已經遲到了。」重點在於，有時你就是必須接受得花更長時間才能到達目的地；欲速則不達，甚至本身還可能製造問題。對我來說，論及掌握在 Airbnb 求生存訣竅，這一點當然再正確不過。我身為房間裡冷靜卻帶有好奇心的人，還能提出協助大家看見盲點的開放式問題，是促成我在公司內名聲水漲船高的部分原因。
- **時時都在：**「存在」是一門遠比生產力更複雜的藝術，回報也更高，同時也可成為長者的正字標記。在現今個人價值經常以效率、快速反覆熟練並給出答案為衡量標準的文化中，我有點像是叛逆分子。生產力教團確有其勢力，但盡是對著生產力祭壇崇拜，卻可能會剝奪我們的好奇心、喜悅與驚奇感，也剝奪公司自我反省的能力。

∴ 要是感覺老到再也無法進化，那就試著當個實習生

有時現存的體系會給人當頭棒喝，告知我們自我進化的時候到了。這種情況對某些人來說或許是健康亮紅燈，提醒時間寶貴；另外舉凡失婚、失業或象徵里程碑的生日即將到來都有可能。不過，在沒有鬧鐘可以提醒你事情即將發生的情況下，很難鼓起勇氣與動力去脫掉一貫合身的完美服飾。要是你正感覺自己步步邁入人生寒冬，卻還想要沐浴在盛暑之中，可能得考慮尋找實習機會，當作嘗試穿新衣、換身分的低風險做法。

保羅・克奇洛（Paul Critchlow）有一段讓人津津樂道的職業生涯：任職美林三十年，最終當上公關部門負責人。但是他告訴我：「對我來說，二〇一六年夏天隱隱約約感覺平淡無奇。我一年前就退休了，正感到有點無聊、焦躁不安，而且被遺忘了。我想要寫一本回憶錄、接諮詢專案、投身慈善活動，還要四處遊山玩水，但這些計畫好像都心有餘而力不足。輝瑞（Pfizer）藥廠企業事務負責人莎莉・蘇絲曼（Sally Susman）是我的鄰居，有一天跑來找我共進午餐。她在一趟跨大西洋的飛行旅程中看完《高年級實習生》這部電影，超喜歡劇中所有老老小小的角色，他們互相影響、改變並豐富對方的人生。她問我是否願意當一名夏季實習

生——我怎會不想!?後來莎莉表示有點擔心我會受辱，或是傷害了我倆情誼，我坦承確實擔心年輕人不鳥我、同事討厭我，或遇上一個不和別人打交道的萬事通老頭。但事後證明我們錯得離譜。」實習生約莫兩百名，七十歲的保羅是其中的超級老骨董。

在保羅實習的第一天，喬治城大學（George-town University）研究生夏莉妮．辛哈（Shalini Sinha）就問他能否擔任她的導師。夏莉妮的煩惱主要是，不知如何讓身為傳統印度族長的父親明白，她想留在美國開展事業。保羅回答，她已是成年女性，而且可以向父親保證，無論她住在哪裡，永遠都是他的女兒。之後保羅收到從她寄來、讓他深受感動的電子郵件：「我覺得自己被授予追求夢想的權利。」夏莉妮成為實習生之中的明星學生，對保羅來說，她也是教練和智慧的可靠來源。保羅立刻看到自己對這些年輕人的價值何在，同時明白他可以重新調整技能，身兼導師與實習生身分。

保羅與其他三位年輕的實習生分在同一組，這支「神奇四人幫」很快就開誠布公、水乳交融。保羅說：「他們鼓勵我溝通時更簡要，我則是敦促他們深入思考；我教他們高格調的媒體公關技巧，他們則教我社群媒體。他們協助我設立生平第一個臉書帳號、裁修我條列在專業人士交流平台領英（LinkedIn）上的個人資料——他們說：『你又不是在找工作。』」他教他們辦公室禮儀，他們則教他如何和千禧世代交流；互惠、互重的氛圍，讓保羅主動提出反饋意見，表示隊友常分心於手上的科技玩物，輕忽了目光接觸。他說：「我注意到，就算別人已經走到身邊，他們也很少將視線移開筆電或設備抬頭看看。」有個隊友把他拉到一邊說：「保羅，我注意到每當有人走進房間，你就會站起來自我介紹、握手。我們也該如此嗎？為什麼要這樣做？」我告訴對方：「沒錯。表現出對別人的尊重，同時也讓對方知道自己是交涉窗口，這樣才顯得有禮貌。」其他三名隊友也相繼仿效。

正如〈附錄〉「我的各種十大最愛清單」中的「文章」那一部分，《快企業》雜誌（Fast Company）描述過保羅的故事，他的經歷讓自己與周遭所有人都能肯定生命的價值。沒錯，他是實習生，但價值遠高於此。在那個夏天，他經歷代際之間信任、尊重和學習轉移，在在讓他充滿能量，也協助他看到自己在試圖撰寫的回憶錄中其實有更多故事可以著墨，因而激勵他開始參加作家會議。他說：「這段經歷使我能將一生所見所聞淬鍊成一筆有凝聚力的敘事。多年來我頂過各種職銜，但在輝瑞的這段高年級實習生最為珍貴。內人派蒂稱其為『贏家繞場一周慶祝勝利時收到的禮物』。」

他建議任何人需要開拓生活就去實習。雖然有些人可能會覺得實習「有失身分」，唉唉叫失去以前坐大位時的位高權重，保羅卻不作如是想。「我當實習生時不必承擔管理責任，突然發現自己可以停下來思考，並想通多年來擦身而過、不曾留意的事情。這道過程讓你的思緒從被制約的本能中解脫，突然間你又能破框思考了，就好像重返童年、擁有無限的想像力。雖然我偶爾會想念以前在企業工作時的權力、特權和聲望，我也珍惜現在的無拘無束與零壓力。」

對保羅而言，這段經歷使他意識到他有滿肚子經驗可以貢獻，也有更多新知要學習。他決定創辦一家溝通諮詢公司，以愛貓命名為黑貓公關公司（Black Cat Communications LLC）。莎莉幫他的公司想出一句標語「九條命」，之後他正式向她提案，輝瑞因此成為第一家客戶，接著是美國銀行。至今，他的業務如日中天，其他可能的客戶也洽簽中，他的困擾反而是擴張與否的「好年頭問題」。他將自己的高年級實習生經驗當作建立諮詢模式的基礎，更為自己有生以來第一次創業興奮不已。他總結：「老年人有很多料可以貢獻，只等有人開口問。」

七十一歲的道格．麥金萊（Doug McKinlay）是楊百翰大學（Brigham Young University）廣告學教授，他接觸任職達拉斯廣告商理查斯集團（Richards Group）的朋友，不待對方開口就自薦想當暑期實習生，以便與充斥年輕數位通的產業維持關係。這家公司將道格與二十五歲的創意主管配對，雙方迅速建立對彼此與公司都有好處的共生關係。現在，道格建議所有廣告學教授，每五到七年就進入廣告商工作一回，以確保自己能快速掌握產業新鮮事。

最後，我很幸運能為黛比（Debbie）與麥克．坎培爾（Michael Campbell）夫妻在 Airbnb 找到高年級實習生的機會。他倆在各自年屆六十和七十歲時選擇環遊世界，透過 Airbnb 找到專屬的分享家庭。他們賣掉西雅圖的房產與船艇，向親朋好友道別，然後踏上旅居他鄉之路。他們漸漸闖出名氣，在《紐約時報》的封面故事特寫中被喻為「資深流浪漢」（Senior Nomads）。當他們的旅居計畫屆滿一千天，在七十個國家住過一百六十多間房舍，成為我們紀錄最輝煌的客人時，他們想與 Airbnb 員工分享自身的學習經歷，所以在二〇一七年秋季加入我們，在舊金山總部展開為期十週的實習生涯，這樣 Airbnb 員工就能知道，我們的平台如何才能更適切滿足最活躍客戶的需求。有鑑於 Airbnb 客戶的平均年齡比員工大十歲、房東則幾乎大十五歲，很感謝黛比與麥克能將龐大的客戶與房東社群的需求，轉譯給開發軟體、制定家庭空間分享市場規則的員工知道。

化妝舞會結束之際，人人都得取下面具，露出自己真實性格與本質。人生下半場的光景約莫如是。正如文化人類學家安哲莉．亞立恩（Angeles Arrien）在《後半段人生》（The

Second Half of Life）所寫：「當我們超越自我和世俗身分時，就可以接受八世紀的六祖惠能大師所建議：『父母未生前的本來面目』。」

現在讓我們探討一些實用方法，讓你可以進一步發展自我身分，並在職涯中穿上新裝。

∴發展自我身分的樂齡族實踐守則

一、嘗試「淨化身分」

我在四十歲左右力行一季三天的果汁淨化飲食法，以便重新調整我的新陳代謝、排除體內毒素，同時對自己的感官更敏銳以及保持與他人的聯繫。我們也可以對自我身分採用類似的淨化做法。

瑞典老年學家拉斯・托斯坦（Lars Tornstam）相信，長者的一項關鍵發展任務，就是建構一則感覺起來是正確、真實的人生故事，或許這就是長者一再憶舊往的原因。艾瑞克・艾瑞克森建議，我們都該有一個「恆久不變的核心」或「有存在感的身分」，其間整合過去、現在和未來。「淨化身分」讓你清除領英個人網頁上多餘的包袱，保留更了解自身過往經歷中不可或缺的內容。

請為這項練習預留至少幾個小時，並找到一個不受打擾或分心的地點。我建議你獨自完成這件事，但有些需事前準備的功課，可以商請至少六名同事、朋友或家人協助完成。請對方回答以下問題：「當你回想我的優點和缺點時，看到我的核心特質是什麼？正向的特質有哪些？比較棘手的特質有哪些？」你查看他們的答案之前，先自問這些問題；因為不需要與別人分享，請盡可能坦誠。要是有疑問，請回想過去的年終績效評語，一一列舉完後再與其他人的答案比較。

你能明白解說自己的身分嗎？你希望自己的名聲建立在哪些禁得起考驗的特色或特質之上？如果你很難說清楚、講明白，請回想自己在工作時最「得心應手」的時刻，或者做哪些事時最容易渾然忘我。你可能正在發揮天分或天賦——什麼習慣或慣例能讓你融入日常生活中，以便維持這種特色或特質？舉例來說，如果你喜歡自己有一種辨識、欣賞他人特質的恆常核心能耐，那麼試試看，私下找兩名對象，實驗每天兩次找出對方個人特質的習慣是否有意義？

再來，有什麼特質是你已經準備好卸下的？換句話說，哪些特質像毒素，最好趕快清除？

具備長期穩定力量的改變能力足以定義斜槓樂齡族。

二、重新明確定義你的名聲

無論你是新入職場，試圖找到合身的服裝，或是想在當前職場舊換新，抑或你還徘徊在兩者之間，想像一下，要是你的個人名聲或品牌剛好是消費產品，你的價值主張是什麼？別人最常用來定義你的三到五種特質或形容詞是什麼？還有，你希望建立名聲的基本習慣或慣例是什麼？

但是，如果你的名聲或品牌與本人不符，感覺就很不真實。梅琳娜・莉柳思對她的個人箴言「生活、歡笑、愛」感受格外強烈，因此變成她的公司名。甘地採用以下直白、尖銳的方式宣告信仰與命運之間的聯繫：「你的信仰成為你的思想；你的思想成為你的話語；你的話語成為你的行動；你的行動成為你的習慣；你的習慣成為你的價值觀。你的價值觀成為你的命運。」據此，在你的核心層面，什麼信念定義你的名聲？

三、翻轉智慧：變成實習生

如果你陷入困境，發現自己不斷咒罵千禧世代，可能會很渴望往日美好時光：敬老尊賢、必聽老人言。但那個時代已經回不來了，現在正是開始穿上斜槓樂齡族服裝的時刻，同時身兼導師與實習生的角色。對我們許多人而言，勞勃・狄尼諾在《高年級實習生》如此完美體現的實習生角色並不合身，對這把年紀的我們就是不對勁或不合適。

不要讓喪氣話阻止你聯絡吸引你的公司。電影《高年級實習生》鋪好一條探究文化現象的道路，得到積極回應可能會讓你感到驚訝。這部電影的收入超過兩億美元，意味著進場觀眾很多。如果對你是一道挑戰過於巨大的命題，請考慮另一種嘗試新身分的方法，好比到流浪者之家當志工，或遠赴異鄉生活學習新語言；做一些會讓你失去平衡的事情，讓自己置身一種前不著村、後不著店的狀態。一種全新進化完成的身分，會讓你好整以暇準備進入第二堂課，也就是增強你的學習能力。

第5章

第二門課：學習

有些事我應該知道
實際上卻不知道
但我不曉得哪些事情
是應知卻未知
如果我看似兩種情況都搞不清楚
亦即，既不知應知卻未知的事
也不曉得哪些事應知卻未知
我會覺得自己看起來很蠢
於是，我假裝自己什麼都知

這種情形實在叫人心煩
因為我不知道自己應該假裝知道什麼事
乾脆假裝什麼都知道
我覺得你知道我應該知道哪些事
但你不會告訴我
因為你壓根不曉得我完全不知道哪些事
你可能懂我所不懂
卻不是我所不懂的那些事
而且我也無以名狀
所以你最終
只得告訴我
每一件事

——蘇格蘭精神科醫師R．D．連恩（R. D. Laing）

∴「你暈頭轉向了嗎？」

「不只，已經快滅頂了。」這是一名嬰兒潮同儕和我之間的問答，那時我們正亂糟糟地退席一場 Airbnb 社內數據科學天才團隊的演示。或許，在你讀完上述精神科醫師Ｒ．Ｄ．連恩那段讓人暈頭轉向的語錄後，我也應該對你提出這個問題。正如我們在上一章所討論，處於職業轉型期可能會陷入混亂、摸不著邊際的狀態。這種生存恐懼引發的自然反應，可能是回擊、逃避或動彈不得。唯有進化成可以適應變化的學習者才是救贖，讓你得以悠遊其中，不致滅頂。

如果你覺得自己早就把所學還給老師了，對閱讀本章稍感惶恐不安，我僅引述中國哲學家老子所說一句言簡意賅的古諺：「為學日增、為道日損。」這又是一次明證，謹慎編輯所學所知，正是修習人生下半場如何生活與學習的關鍵部分。

世界處處皆有知識，但往往缺少智慧。我們根據兒時的學習方法，相信資訊會產生知識，再結成智慧之果，但其實它們並非完全直接相關。太多缺乏脈絡的資訊反倒讓人一頭霧水。智慧燈塔也許提供某種安全感，但解決令人頭疼的問題時，往往必須勇闖不知多高的黑暗風暴。然而，我們的直覺反應，尤其在當今這個數據驅動的世界裡，卻是試圖快速消化所有可用的資訊，然後馬上回敬聰明的答案；或者，正如連恩醫師所暗示，千萬不要讓別人知道你啥也不懂。

西班牙畫家畢卡索（Picasso）說：「電腦沒啥用，只會給你答案。」回想一下過去三十年學習方式如何演變。卡內基美隆大學（Carnegie Mellon University）管理學教授羅伯・凱利（Robert Kelley）表示，當最後一波嬰兒潮人口進入職場時，應用在工作中的所學知識比率約為七五％，其餘二五％則廣泛來自手冊、書籍與其他來源。時至今日，在搜尋引擎與社群媒體發達的年代，博聞強記不再重要，這個七五／二五的組合已經反轉成一〇／九〇。畢竟，要是我們可以問一下朋友，或乾脆「Google 一下」，幹麼還要硬把事實和數字塞進腦中？這種發展其實還滿讓人安心，因為反過來說，浩瀚知識的相關性正加速衰減中，更別說在科技領域估計每年就有三〇％技術知識過時了。我們若想與時俱進，不僅要學習新事物，還要學習動動手指就取得資訊的新方式。

許多人害怕一旦年紀增加、我們的腦細胞凋零，心智功能便會隨著自然衰退。然而，越來越多的研究證實，神經可塑性（neuroplasticity），亦即大腦像肌肉一樣，使用得當就能維持良好功能，讓許多成年人到晚年依舊保持完整的認知能力。神經學家馬塞爾．梅蘇藍（Marsel Mesulam）提到有些「超級長者」（Superagers）儘管年紀日增，認知能力卻幾乎未曾退化，他們往往有些共同點：致力從事需要靈巧使用思考的艱鉅任務。

在人的一生中，大腦永遠在自我重塑，以便回應它所學到的東西。瑞士神經科學家盧茲．簡基（Lutz Jäncke）研究正在學習演奏樂器的對象發現，他們練習了五個月後，大腦中控制聽覺、記憶和手部運動的區域發生重大變化，即使是六十五歲以上的學習者也不例外。越來越多的研究證實，大腦可塑性會延續到我們的晚年。

彼得．杜拉克或許堪稱有史以來最偉大的管理理論家，他認為，學習新技能永遠不嫌晚，畢竟他的四十本著作中，三分之二都是在六十五歲以後完成；他勤奮工作七十年、「生活在不止一個世界」的方式，更是我們所有人的榜樣。杜拉克寫過：「重要的是，知識工作者（他在一九五九年發明的稱謂）到了中年時就發展、培養出完整個體，而非僅是稅務會計師或水力工程師。」

萊斯大學（Rice University）教授艾瑞克．丹恩（Erik Dane）是組織行為學專家，他同樣告誡資深員工，要留意行為僵化和「認知壕溝」會開始主宰你的生活。他和其他研究人員發現，許多成功的科學家往往也是博學家，也就是說，除了自身的科學專長之外，還將藝術、文學或音樂的愛好發展成副業。年長者的大腦常常因為各種不同的感官和智力輸入變得生氣勃勃。

杜拉克活到九十五歲，他晚年的生活方式之一，就是將好奇心轉化為深入探究某個吸引他的新主題。每隔幾年，他就會蒐集各種與事業生涯無關的課題，從日本花藝到中世紀戰爭策略不等；偶爾他會幻想，另一道「平行事業」可能會從這股好奇心中發芽茁壯。我追隨杜拉克的領導十多年，深入研究各種與飯店本業無關的主題：人類情緒的本質、節慶的歷史以及為何它們會在二十一世紀捲土重來、溫泉存在的地質起源，還有每個人的人生有何重要意義等。結果我把第一道話題（情緒）轉變成暢銷書，第二道話題（節慶）變成一家線上初創公司，更激勵我創辦「房東大會」（Airbnb Open）節慶，來自世界各國的與會者遠多於任何其他節日或會議。

這種「精熟熱愛領域」的能力，就是在不同領域都能創造獨特能耐，協助我們保持彈性，迎接意想不到的全新變化。杜拉克相信，這種讚賞學習的心態能造就更優秀的領導者；我也相信，它會讓我們的人生更快樂、更充實。

採納初學者心態

「初學者的頭腦一片空白，沒有專家的習慣。這樣的心靈會對所有的可能性敞開，發現事物原貌。」協助在美國推廣禪宗佛教的鈴木俊隆（Shunry Suzuki）如此說。禪宗佛教有一部分的功課是為「不知道」的心智創造一個超越知與不知的安全空間——一個可以思考、明辨的地方，還可以讓你的思維有如沉浸在一杯好茶裡。遺憾的是，多數現代成年人沒花心思創造留白空間。

許多企業誕生於一個無害的問題。瑞德．哈斯汀想要創辦網飛，是因為ＤＶＤ逾期未還要被罰四十美元，因此他自問：「要是可以線上訂閱租賃的ＤＶＤ，就沒有人因為逾期未還被罰錢了吧？」史蒂夫．沃茲尼克（Steve Wozniak）與賈伯斯創辦蘋果，源於一個問題：「為什麼電腦不能做小一點，讓大家都可以買回家裡和辦公室？」

對於Airbnb，喬與布萊恩在客廳地板擺上三張床墊，開放陌生人留宿，這道創業初衷源自這個問題：「我們為何不能做Ｂ&Ｂ（Bed & Breakfast）生意呢？」這個問題基於兩道簡單的前提：他們和許多剛畢業的大學生一樣，窮到快脫褲子還得繳房租；剛好舊金山舉辦設計大會，所有飯店房間全都訂滿。他們沒有耗費數月或數年撰寫商業企劃書、沒有研究監管單位對這門產業的相關規定，也沒有籌資，只是提出一個問題，然後就開始把三張床墊吹飽氣，上網放送這道瘋狂點子。

自始至終，純真無害的問題一直是創新的動力。回想一七五二年，美國建國元勳之一富蘭克林（Ben Franklin）猜測，閃電是否為放射在空中的電，他想做實驗證明，就拿了風箏和鑰匙，再加上過人的勇氣，證明自己的假設無誤。一九四〇年代，一名三歲女童的提問催生了全世界第一台即時可印相片的相機寶麗來（Polaroid）問世。艾德溫．H．蘭德（Edwin H. Land）幫女兒拍完照後，小女孩不耐煩地追問：「爸爸，為什麼我們要等這麼久？」

也許我們都應該更像個孩子一樣思考問題。四至五歲是提問行為的高峰期，此後就逐步下降。哈佛大學兒童心理學家保羅．哈里斯（Paul Harris）說，二至五歲孩童大約總共提出四萬道問題。但是自小教育鼓勵我們尋求答案，而非問題，因此當我們踏出校園進入職場時，會誤以為簡單的問題都已經難不倒我們了。

愛爾蘭詩人威廉．葉慈（William Yeats）曾寫：「教育不是注滿一桶水，而是點燃一把火。」我剛進 Airbnb 那段時間裡，就是因為好奇心不斷被激發，因此可以在內部點燃火花。

進入科技業對我而言是全新經驗，所以我的初學者心態有助於大家看清盲點，做得更好。我沒有身為專家的習慣，部分原因是前一章所提到的工作內容，我可以順著猶如孩童般的方式提問「為什麼」、「要是」，但多數資深領導者早就陷入與業務有關的「什麼」、「如何」。

我提出的第一個問題就是：「為什麼不是我們的員工，而是Airbnb的房東會關心他們提供的留宿服務品質優劣？」這是一道根本性的問題，畢竟我的部分角色是要協助這家公司打造世界級的飯店企業，提供服務的對象不是員工有違我多年經營飯店的經驗。我是當著內部同仁、焦點團體及員工社交活動上提問。答案眾說紛紜，但主要聚焦兩點：

（一）許多房東依靠家庭空間共享所帶來的收入穩定性，因此任何能讓他們在表單上看起來更突出的指標——房客評論、搜尋排名或特殊命名，都有助於他們達成財務目標。

（二）開放自有住宅或公寓讓外人留宿的行為無異創造一種直接的親密關係，因此許多房東非常注重自己的接待技巧，這是促進人際聯繫的強力做法。對我們的許多房東來說，他們越滿意自己的待客之道，自我感覺就越良好。

我學得越多就越明白，這種嶄新草根型態的飯店發展核心完全是圍繞著心理學營造。因此，第一道「為什麼」就能引發你提出更多初學者心態的問題。

- 為什麼我們的評分系統會這樣設計？
- 為什麼我們會有房東評價房客這樣的系統？（早期我的「飯店業大腦」無法理解這一點，因為飯店絕不會以任何線上公開方式評價房客。）
- 要是我們更直接連結房東的接待品質與搜尋排名會怎樣？
- 為什麼二〇一二年以來，我們慶祝全球最優秀房東的超級房東（Superhost）計畫就不再成長了？
- 我們為什麼不幫房東打造一面專屬的顯示板，除了標明他們達成飯店標準的有效性，還能鼓勵他們繼續進步？

我在公司第一年，與我們的房東採用（一）外發性與（二）內發性這兩種激勵技巧改善反饋圈系統，有助房東理解其待客之道是否高明，並提供誘因讓他們持續改善。在我任職初期，飯店總監蘿拉．修斯（Laura Hughes）曾與我一同坐下來假設：「要是改進我們的評價系統可以創造一個更有效的反饋圈系統，那麼，即使所有提供服務的對象都不是我們的員工，房客滿意度可能超過整體飯店業嗎？」

這似乎是一道很不敬的想法，尤其考慮到我的專業背景。但二〇一四年我們修改系統中各式各樣的參數，包括賦予私下反饋更高的隱密性，將開放房客與房東評價的時間點調為同步，這麼做代表降低其中一方對報復的恐懼（亦即，要是房客先張貼負面文章，房東就會回敬房客負評）。此後幾年，根據飯店業標準淨推薦值（Net Promoter Score，NPS），Airbnb房客對房東的滿意度成長至比業界平均值高出五〇％——對，你沒看錯。獨立房東不是我們的員工，也沒有接受過正式培訓，卻能提供房客遠遠優於飯店業的待客之道。由此說來，Airbnb的快速成長始於帶有童心一般純真無害的問題，由心滿意足的房客感謝提供客製化服務的房東而帶來企業大暴衝。

∴不願學習的產業與領導階層將被洗牌出局

自此以後，發展態勢看起來很明顯，因為房東都是微型企業家，可能比飯店員工有更強烈動機提供熱情款待。諷刺的是，我在二〇一〇年賣掉我的飯店管理公司與品牌，是因為「大」飯店做「小」生意的業務模式已經轉變成「小」飯店做「大」生意了。一九八〇年代我創辦飯店業務時，許多大型飯店就像家傳事業，好比史威格（Swig）家族所經營的費爾蒙飯店（Fairmont Hotels）就是一座象徵上流品味與服務的堡壘，對待員工幾乎就像自家人。

但是私募基金公司與大眾市場房地產投資者發現，飯店房地產的報酬率通常比其他形式的房地產更高，因此大舉併吞這些大型飯店。這批投資人盯緊會反映在財報上的報酬率，高度關注每一季的業績；在這過程中，「商業」比「招待」更重要，而為新東家管理飯店的經理人自然會在追求高度財務收益的同時，逐漸失去對職務的熱情。

雖然我賣掉管理公司與幾家飯店，但仍以合夥人的身分擁有九家飯店的產權，其中有幾家都由裘德威管理，所以我提供同業以下「為什麼」和「要是」類型的問題。但即使你不待在這一行，這些問題也可以讓你好好思考，如何運用孩童一般的好奇心應對自身所處領域的挑戰：

● 為什麼飯店房客滿意度的成長停滯這麼久？

● 為什麼超過七〇%的 Airbnb 房東和房客會在他們的點對點評價平台上互評，但飯店業房客退房後只有五至一〇%會上網填寫滿意度調查？

● 為什麼我們沒有反饋圈可以協助個別飯店員工，無論是酒保、行李員或櫃檯服務員，即時知道自己做得如何？（大多數飯店員工每年只會從老闆口中聽到一次，遺憾的是，飯店的普通員工通常都待不到一年，所以無從聽到來自老闆的正式反饋，也缺乏有效且立即的方法得到房客對值班服務的認可。）

● 要是飯店業採用行動技術開展全新的服務方式，讓員工得以接收客人的迅速反饋，讓飯店即時確定哪些業務正苦苦追趕客戶的期望，就像拿著一張「熱圖」（heat map），總經理可以立刻挪用資源解決暫時的服務需求缺口，那會怎樣？

每每提起商業，「破壞」簡直就是附帶的流行語，但打從自由市場競爭開始以來，破壞就已經無所不在，只不過在科技時代變得更突兀，亦即，當家庭共享或檔案共享這類創新的商業點子冒出頭，就會以迅雷不及掩耳的速度向全球擴散。幾乎所有產業與企業都很脆弱，但最容易讓破壞成功的領域有一些共同點，亦即它們都是不會問很多「為什麼」和「要是」的問題、不再學習，還具有以下特質：

- 為過去的成功自滿，未曾進一步精進產品。
- 核心客戶的需求仍不斷演化，自己卻已經跟不上，也無法追蹤。
- 不曾想像一批擁有不同需求的全新客戶進入市場。
- 不曾認真對待新進的競爭對手，很可能是因為歷來的監管環境提供安全感。
- 搞不清楚自家產品的真正本質。

最後一點看起來可能有點仙氣，讓我稍微解釋一下，並提供一點快速解方。大多數企業會隨著時間拉長變得商品化，以至於最終變成錢進錢出的機器。營運體系缺乏象徵創新者與反叛思想者的氧氣便意味著，它們是以財報角度定義自己的業務與產品吸引力。哈佛商學院行銷學教授希奧多．李維特（Theodore Levitt）提出一個很久以前彼得．杜拉克曾四處宣揚的簡單問題：「我們在做什麼生意？」沒錯，真的很簡單。但你可能會很訝異，對你的組織學習課程來說，這個問題多麼微妙、崇高且有價值。

這個簡單的問題，曾經協助裘德威發現自身的賣點領域在於「讓身分煥然一新」，因為對一家特定的精品飯店（像是裘德威）的忠誠客人來說，他們感覺得到飯店的個性也會影響他們。舉例來說，維塔勒飯店（Hotel Vitale）的客人看待這幢建築是「摩登、文雅、清新、自然而且有教養」，可能會體驗留宿在這家飯店的感覺，並放大為自身的理想形象。裘德威能夠成此成功，核心關鍵在於找出我們公司的獨特價值主張。並將外觀設計成可以傳達「你睡在什麼地方就代表你是什麼樣的人」這種體驗，然後採用一種巧妙訴求「身分煥然一新」的行銷手法。

所以，在你和你的公司受到破壞之前，請試著做完本章最後一部分的練習，然後開始發揮好奇心，想想自家產品或服務本質上有何不同，藉此來一場自我破壞。這種做法對大公司和小企業一樣有價值，而坦白說，大型企業更容易被破壞。

∴ 創造具有催化作用的好奇心

好奇心是發現的前奏。雖然創造力和創新常常霸占頭條新聞，但好奇心才是讓它們精力充沛的靈丹妙藥。那麼，為什麼職場上這麼多人都沒有好奇心呢？為何明明沒有人是萬事通，但我們仍覺得有必要演出「全知全能」的表象？

對事物常抱好奇心是催化勇氣、學習和創造性思維的一種方式，需要信心撐持。斜槓樂齡族可以善用累積多年的信心資本，代表自己與團隊擇機花用。在某些情況下，你的資深經歷還可能讓你有權提問「為什麼」。

艾倫・尤斯塔斯（Alan Eustace）是一名體驗自由落體滋味的五十七歲矽谷工程師——別想歪了，我不是暗指大批年老工程師被雇主資遣的悲傷現實，而是艾倫穩坐從全世界最高海拔向下跳的自由落體紀錄。二〇一四年，他在經過多年準備後，自任時速高達一千三百二十一公里的人肉子彈，從四萬一千四百二十公尺的平流層往下跳。我自己是在三千零五十公尺高度就開始流鼻血，所以當我有幸與他談論 Google 早期最輝煌的成長期間時（他曾在這家企業擔任全球工程師主管近十年），我的感受特別深刻。

二〇〇二年艾倫加入Google時，他已是炙手可熱的科技人，但Google那時才成立四年，營收少得可憐。他比兩位共同創辦人賴瑞・佩吉、謝爾蓋・布林大約年長十五歲。隨著印表機大廠全錄（Xerox）旗下的帕羅奧圖研究中心（Palo Alto Research Center，PARC）、貝爾研究室（Bell Labs）等幾間享譽業界的研究機構一一解體，他們正打算聘用立即可以上手的超資深技術領導人。但是，「賴瑞和謝爾蓋對你以前的豐功偉業不感興趣，他們只想採用最聰明的方法，對你有信心，知道你不會走簡單途徑，複製過往成功。」艾倫說。他坦承，自己的角色就是基於往日的厚實經驗，將年輕創辦人的願景轉譯成營運現實。然而，不單是經驗，好奇心更是兩名創辦人在工程部門領導人身上尋求的核心品質。許多Google內部的資深科技工程師都對自我頗具信心，偶爾還會提出一些天真的問題，只要問題本身能夠展現個人思維的獨創性。

心理學家卡爾・魏克（Karl Weick）主張，學習和發揮創造力的正確態度，就是要「要當作自己就是對的那樣強力主張，但也要假設自己是錯的那樣認真聆聽」。未來學家保羅・塞佛（Paul Saffo）將這種方法統稱為「強觀點、弱堅持」，可說是信心與懷疑之間的平衡行為，也定義了一個學習型組織的卓越領導力。

在 Airbnb 裡，大家都知道我是偶爾會問出類似「籃外空心球」問題的傢伙。我是超級籃球迷，當然知道投籃不僅沒得分、甚至連籃框或籃板都沒擦到時有多糗。是啦，我是有點科技白癡，提問的很多都是基本原理。但我開始明白，我勇於提出蠢問題的膽量，和我看待自己投籃命中率的程度相近——三不五時，我就會提出一個揭露公司盲點的簡單問題，就好像在離籃框超遠的位置投出三分球，但我也仍然發現我的問題可能只有三分之一能「穿網得分」。在籃球場上，不管你離籃框有多遠，投籃命中率僅三三%都不是令人羨慕的成績，還意味著你搞不好就快玩完了。因此，時間一長我也意識到，有些問題最好留待與同事面對面時再問，而不是當著一整間會議室的同事提出。

有一天，我在會議上投出幾顆麵包球，後來對一名年輕同事聊起我私下計算的命中率。他的回答很妙：「或許我們 Airbnb 是在打棒球，不是打籃球。」我不解地看著他，他繼續說：「在棒球界，平均打擊率三成三三，意味著你是球隊裡最棒的打擊手之一，而且你也很擅長在會議室敲出全壘打（他指的是點出新商機的重要想法）。所以，你也有很高的長打率（比一般球員進壘數更好的指標）。你就好比傳奇全壘打王漢克．阿倫（Hank Aaron），或是洋基隊傳奇球星貝比．魯斯（Babe Ruth）。」

我的思維因此轉變，有信心在站上本壘板時再多揮幾下，正如魯斯的被三振王名聲和全壘打王一樣出名。因此，請捫心自問，若以廣納充滿好奇心的角度而言，你的公司像是打棒球還是打籃球？史上最偉大的籃球教練約翰・伍登（John Wooden）這麼說：「在你已經懂得一切之後才又學到的知識最有價值。」

好問題引發一場探索之旅

曾有一段時間，答案統治全世界，但是拜搜尋引擎之賜，如今答案俯拾皆是，反而是能提供深刻見解的問題，其價值可能堪比在Google搜尋一千次。埃及裔諾貝爾文學獎得主納吉布・馬哈福茲（Naguib Mahfouz）說：「你可以從他人的回答判斷對方是否聰明，但要判斷他明智與否，則需視他的提問而定。」「問題」的英文字question根源於「探索」（quest），每一道問題唯有經過反思過程才能成為一段探索、一場自我發現的旅程，這是促進徜徉於未知領域的元素。

正如好問題供應個人心智所需養分，也滋養了年輕初創企業的靈魂；在相對年長與成熟的企業裡，它們喚醒所有人，創造一處打破壞習慣的環境。作家大衛・庫柏賴德（David Cooperrider）在著作《欣賞式探詢》（Appreciative Inquiry）裡指出：「人類系統朝著不停提出問題的方向發展。當探索的手段和目的呈現正相關時，這種性格傾向最強烈、持續最久。」換句話說，一旦問題帶有責怪意味，譬如「為何我們的市占率下降，該怪誰？」就會打造出一種指著鼻子互罵的組織。但若改成這麼問：「我們的表現不如以往，是不是有盲點或系統性問題？我們可以向競爭對手學些什麼？」這兩種截然不同的框架會影響組織的精神。告訴我任一公司的領導人在會議室裡提出什麼典型問題，我就能告訴你這個組織的文化如何。

古希臘哲學家蘇格拉底（Socrates）將探索行動轉化成一種藝術形式聞名於世，他扮演終身學習的學生，並為跟隨其後的年輕導生確立模式。他模糊教學兩方的角色，因此讓他看起來不像個智慧長者，反倒像是他的導生都渴望的成熟形象。蘇格拉底提問的方式可以為思考任何議題打造一套系統化方式。一顆充滿好奇心的腦袋，始於假設萬事萬物皆非表象所示，而探索他人觀點的框架則有助於你發現，乍看之下或許並不明顯的錯誤或美麗的假設。當組織充斥著創造力豐富的年輕人，斜槓樂齡族可以扮演蘇格拉底的角色。艾力克・施密特擔任Google 執行長時曾說：「我們經營一家提出問題而非回答問題的公司。」全體員工參與的星期五大會之所以出名，便是因為從基層員工到領導階層都能提出各種明智問題。

蘇格拉底認為，未經檢視的生活不值得體驗；同理，未經檢視的企業也不大可能蓬勃發展。個人或企業若想培養具有催化作用的好奇心，需要精雕細琢的「謙遜與信心」這股神奇的力量，而且肯定要對接到問題的人保持深刻的尊重。提問風格應該出於相對的自發性，同時傾聽的程度也該比照發言的程度；千萬別像律師死纏爛打目擊證人般，端出一大堆事先準備好卻無法反映討論方向的問題。最重要的是，你得明定契合組織文化的參與規則。我將在本章結尾處提供更多斜槓樂齡族實踐守則。

二十五年前，彼得．杜拉克曾寫：「過去的領導人知道如何發言；未來的領導人會知道如何提問。」在日新月異的世界中，好問題可能比答案更重要。傳統長者能夠提供睿智的答案，但斜槓樂齡族懂得端出具備催化作用的問題。

宛如在學學生一樣

教學相長。你完全不碰觸學習，就不可能成為教學傳奇。這就是為什麼大家擠破頭想進的最佳企業，都是會開發動態學習環境的代表，因為在這裡每個人都受邀教授一門即使和企業的核心業務無關的主題。

在第一場「全體員工會議」（One Airbnb）上，我們被鼓勵跟對某領域「技能分享」感興趣的員工進行簡短的小組談話。我談到自己對節慶的熱愛，也分享自己發明了一套工具，可以依據每個人喜歡的慶祝方式幫他與全球節慶配對，畢竟有些人喜歡狂野、瘋狂加情歌的調調，有人則喜歡親密性較高的藝術和文化體驗。我這個小組的每個人都試用了這套工具，因此大家討論熱烈，聊起我們如何善用從客戶那裡接收到的所有數據資料，不只幫他們配對興趣與品味都契合的家庭，更建議旅途中特定地點的好玩法。

作家麗茲·魏斯曼（Liz Wiseman）在軟體大廠甲骨文（Oracle）任職十七年，並領頭創辦培訓機構甲骨文大學（Oracle University）。她在著作《菜鳥聰明人》（Rookie Smarts: Why Learning Beats Knowing）中談到，打造一種「每個人都能偶爾當一下菜鳥」的組織有何價值。麗茲相信，建立一種非正式的點對點學習環境對每個人都有好處，因為它讓我們脫離習以為常的角色。這種做法可以建構出麗茲稱為「流動領導力」的環境，指的是，現代組織雖然需要領導人主動承擔責任，但他們也樂意遵循別人的領導。她說：「我們不該再將領導者看成主動承擔或被動獲派的管理職位，而要視為一種我們可以接手或退出的角色。最卓越的領導者必須保有龐大的追隨者，知道何時要彰顯自己、負起責任，何時又要退至二線、遵循別人的領導。」

年長員工面臨的挑戰之一是他們一貫定速行駛，有時需要被道路減速墊顛仆一下，才能敞開心胸再度學習。麗茲寫：「我發現，人們在以下情境最樂於學習：換一個全新的角色、面臨艱鉅挑戰、掙扎走出痛苦的失敗或失敗局面、逸出常軌後回歸正道，以及不知如何才能邁向職涯的下一個階段才好……在每一種情況下，個人都置身沒有腳本的情境工作：他們遇到了前所未有的棘手狀況。」

麗茲描述了自己擔任主管時踢過的大鐵板。在三十多歲時，她連遭三場領導力挑戰：身為工作滿檔的甲骨文副總裁，面臨越來越多要求；家有三名兒女；外加纏綿病榻的父親。隨著責任加重，她因而發現，口頭告知、強力推銷與吸引對方注意的老派領導方式根本無效。雖然名義上她是「老闆」，但實際感覺更像是學生而非老師。

當一名同事建議她，對付不守規矩的小孩只要提出問題，不要提供指導時，她正好是山窮水盡、什麼方法都願意試試看了。結果這種做法不僅改變家裡的睡前相處時間，也改變她在職場的領導方式。她學到，要花更少時間告訴人們做些什麼事，但花更多時間提出好問題——那種讓別人有機會自己釐清始末的問題。這是她能與無數其他領導者分享的個人突破和重要教訓。

她回憶說：「我實在太忙，無法做得更多。但因為我已經不知如何是好，很樂意換個不同的方式嘗試。事實顯示，我同時身兼太多任務，有些難度超高，不得不學習新技巧。」而最好的老師，都是那些保持宛如在學學生心態的人。

∴「凡回答必被質問」環境的風險

史丹佛大學教授羅伯．蘇頓說：「創新洶湧激盪的場域，通常會結合知道太少和知道太多兩種人。充沛知識和新穎思維之間的緊張關係，會激發出根本性的突破。」所以斜槓樂齡族與年輕企業家可以共同創造具有催化作用的好奇型組織。但是，為何我們不把這種類型的文化視為每一家成功組織的基本組成元素？

以下我提供一些建議，避免你陷入打壓提問型文化，有許多組織掉進這個陷阱。

一、**避免提出一錘定江山的問題：**在那些做得過火、鼓勵嚴格質問的公司裡，你常會發現，萬事通同事會將提問視為滿足虛榮心、乘機自我炫耀的做法。當問題被視為一把促成既有觀點的錘子，而非一只照亮新觀點的手電筒時，不會帶動有效的反思。你若想解決這個問題，請將重點放在賦權而非削權。我們將在本章的「樂齡族實踐守則」中概述這些問題。你要是有疑問，請在問題中融入真實的同理心和好奇心這種有益的組合。我曾提供一名連番提問者以下私人反饋，因為他有點嘩眾取寵，在會議室裡製造出不必要的緊張情緒：「你把一切意見都說完後，留下來的部分才是智慧。請留意，不要把提問只來當作表達強烈信念的手段。」

二、**知道何時該提問、何時需要有效率做決定並執行：**提問型文化會拖慢速度，要是遇上軍隊這種階級分明的組織，更會導致策略混亂或缺乏領導方向。因此，你得放亮眼睛，看清楚你的組織在遭逢壓力罩頂、死線逼近、風險趨高之時，是否還要在重重提問中打轉。

三、**培養坦率和心理安全：**許多員工不喜歡提出棘手問題，有一部分原因是害怕成為「惹禍精」而遭到報復，甚至因此丟飯碗。作者艾德．夏恩（Edgar Schein）提出一道對領導者而言非常重要的問題，可視為衡量組織中心理安全水平的標準：「如果我快要犯錯，你會告訴我嗎？」如果組織內部文化缺乏坦誠和安全，以至於沒有人敢說「會」，那麼下一步就要問：「我們應該採取什麼不同方式發展並創造這種文化？」一旦沒有這種文化，大家就可能比較不願意抱著「幫你擦屁股」的心態溝通。

四、對提問的終極目標要抱持明確態度：提問型文化不等同於民主決策，雖然兩者經常混淆成同義。在這方面成效優異的企業，對於何時該提問、何時該為可能的分歧謀求共識，都會展現出非常明確的態度——這一點至關重要。作家派屈克．藍奇歐尼（Pat Lencioni）的著作《團隊領導的五大障礙》（The Five Dysfunction of A Team）是我們 Airbnb 核心階層的參考書，文中提供明確方針，足以清楚界定辯論與校準之間的差異。

五、確保資深主管積極參與提問過程：他們若不積極參與提問、辯論，無論是因為不在場還是埋頭滑手機、打電腦，都像是對其他人發出一個漠不關心的訊號。此外，要是這道提問過程中揭露某件事實，但資深領導階層視而不見或未曾採取行動，也會打消這群人未來參與討論的動力。

斜槓樂齡族通常具備有益組織的深厚專業領域知識，但唯有帶著教學相長的心態端出專業知識才能收效。我很快就發現，飯店營運的傳統餐旅服務業模式，與Airbnb為客戶提供服務的需求並不相關，也與我們的房東不相關。所以，對我來說，判斷我的專業知識哪些部分值得分享，我又需要對哪些部分提出質疑，這一點至關重要。

研究職場認知的教授艾瑞克・丹恩曾說過，「隨著專業技術發展增強，認知固化的程度往往提昇」，但你可以打造一種動態文化，鼓勵在採取行動之後進行評估，以利加速每個人的學習腳步，特別是最資深的員工。一名不抱懷疑、放心自己以前學到知識就夠用的老員工，就很像是一盒漸漸凝結的牛奶。此外，丹恩斷定在某個領域具有豐富專業知識的人，應該把注意力集中在領域之外的討論，以便採用他人觀點豐富自己的心靈，並可能因此打破一些慣性思維。

資深工作者之所以被找進一家組織，通常是為了運用他們在專業領域的知識來解決問題。但是單單讓他們專注在這個領域，卻排除其他任何領域，對他本人和公司都可能產生反作用。對我來說，當我帶著某個領域的初學者心態進入完全不熟的企業裡，有助打造一家帶有更強烈催化作用好奇心的公司；我還曾在幾次會議室裡成為促成靈感一發的推手。

亞伯特・愛因斯坦（Albert Einstein）對這種思維方式懷有一定的敬意，他曾寫：「重要的是不要停止質疑。好奇心有其存在的理由。當一個人沉思永恆、生命，以及真實的秘密時，就會不由自主地心生敬畏。如果一個人每天只想要多理解一點這個謎就夠了。永遠不要失去寶貴的好奇心。」

假設你知道自己將活到一百歲，你可能會在五十歲時才開始學小提琴。也可能是學習一種新語言、成為職業級的西洋棋或橋牌愛好者、參加舞蹈班，或像我一樣，跳進有如火箭升空一般強勢成長的科技公司。你的好奇心不一定僅限於職場。

既然我們已經敞開心胸願意自我進化並提升自身的學習能力，下一章將要探討如何應用幾十年來對其他人的了解，以便成為協作大師。

∴提高學習能耐的樂齡族實踐守則

一、燒旺你的好奇心

雖然以下結論與老人家變得更心胸狹隘、固執己見的刻板印象互相矛盾，但有充足的證據顯示，許多長者在五十歲以後重拾童稚般的驚喜感。除了驚喜之外，也發展出另一種成熟、令人驚嘆的敬畏感，許多人因而讚嘆我們不過是滄海一粟。這種調整成適切模式的感覺再度激發我們的好奇心，當然伴隨著明辨明智長者模式的好處。

所以，我特別請你思考以下幾道問題：「你要怎麼做才會變得更有好奇心？在無關工作的前提下，你在什麼主題能充分發揮，成為世界首屈一指的專家？」你最大的挑戰就是從行程表中挪出時間思考一下這個世界。當你適切地編輯自己的生活，刪除一些無關的物件後，才能就新的活動提供一個完整的答案。

何妨探索一下社會改革學院 StartingBloc、關機營（Camp Grounded）、峰會系列（Summit Series）、在地自發性活動 TEDx、全球領袖社群蜂巢（Hive）、亞斯本思想節（Aspen Ideas Festival）、全國性人際網路與思想領導力大會文藝復興週末（Renaissance Weekends）、提供長者非學分制課程的道路學者（Road Scholars），這一類學習或領導力發展計畫。請留意，有些活動需要你預先申請，有些則只走邀請制。我已經根據參加者的年齡分布粗略列出從最年輕到最年老的清單，請選擇能提供自己最多學科和代際多樣性的人，你可能會從言行舉止都和跟你截然相反的對象身上學到諸多經驗。

當你創造智慧和好奇心的完美煉金術時，年紀會隨著生命力日益增長。德國宗教哲學作家馬丁．布伯（Martin Buber）在著作《我與你》（I and Thou）中說：「當一個人並非對年歲增長一無所知，變老其實是一樁美事。」對斜槓樂齡族來說，至關重要的一點是渴望體驗新鮮、未經開發的事物，而非逆行回到舒適和熟悉的環境。

二、有關業務本質的問題假設

你應該不斷提出這道問題：「我們在做什麼生意？」

在與主管開會或外部靜思會前，請先布置好空間，足以讓每個人都能互相配對並面對面坐在一起。其中一個人先回答這個問題，然後提問者再次提出確切的問題，但回答者不能重複給一樣的答案。舉例來說，在裘德威，這個問題典型的第一個答案是「我們在做飯店生意」。然後提問者會接著說：「謝謝你。我們在做什麼生意？」即重複追問同一道問題。這次，回答的人可能會給出更具體的說法：「我們在做精品飯店生意。」你一再反覆提問，直到問了五遍，得到五個不同答案，再把問、答雙方對調，提問者現在變成回答者，然後每個人都與整支小組分享他們的進展。你可能會對這場練習如何揭露貴公司真正差異化的本質感到驚呆了。

三、學習提出具有催化作用的問題

作者艾德・夏恩在著作《MIT最打動人心的溝通課》（Humble Inquiry）這麼寫：「最高層級的領導者必須學習謙遜探究的藝術，當作營造開放氛圍的第一步……隨著地位步步高升，質疑的藝術變得更困難。我們的文化強調，領導者必須更明智、設定方向，並明確有力地表達價值觀，所有這一切都讓他們輕易接受多說少問的習慣。不過，領導者才是最需要謙虛提問的一群人，因為複雜又相互依存的任務，將需要他們與下屬建立積極的互信關係，以促進良好的向上溝通。」

然而，如果這是真的，究竟為何我們不在更多研究生商學院或企業大學，教授這門精妙的探究藝術？我們需要針對問題的價值調整自己的思維，從視它們為笨拙的無知，轉成欣賞它們備受祝福的純真。

一道深思熟慮的問題，將能照亮一個房間、一家企業與一段人生；但是構想出適當的問題，再巧妙包裝出妥善的表達方式，卻是一門藝術。以下是一些好用的指導方針，可以把任何人變成探究的藝術家：

● **賦權：** 提出能讓對方感覺受重視，而且其意見也值得尊重的問題。你可以提問「你感覺……如何？」或「請幫我釐清，你為什麼會提出這種意見？」或「你可以再解釋一下嗎？」這類問題，以便藉機賦權其他人；或者你也可以採用初學者心態展開你的探詢，好比是「請原諒我在此提出一些所有人看起來都覺得再明顯不過的事情……」或「請幫我理解……」。下屬可以清楚分辨主管提問的用意是真心想要學習。我在此所討論的探究源自一種感興趣和好奇心的態度，它意味著一股建立關係的渴望，將有助於更開放的溝通；也意味著一個人示弱時，亦能激起他人正面協助的行為。

● **傾聽：** 夏恩這麼寫：「試著最小化自己的偏見，在討論初始當下就清空你的心智，並隨著對話延展你的傾聽能力至極大化。事實上，其他人判斷並決定你是否感興趣的關鍵要素，不僅在於你所提出的問題，也在於你是否真的聽進去了。謙虛探究可以減少地位隔閡或聽命行事的鴻溝，還能促進坦率表白的非正式交流。」

● **眾志成城：** 問題激盪法（question-storming）練習可以用來取代傳統的腦力激盪會議。實際做法是當著一組人面前提出問題或挑戰，而非請他們提供點子，然後指示參與者盡其所能提出大量相關問題。有一條好用的規則是，要求每個詢問者提出以「要是」或「我們可能」

起頭的問題。「要是」型問題往往會產生擴大效應，讓我們不受限制漫天思考。

以目標為導向：你希望從自己所做的調查獲得任何附帶利益嗎？請自問：「我希望我的問題可以完成什麼目標？」是要找出答案、揭示盲點、協助某人建立權威或重拾自信、測試尚未說出口的潛在假設，或是深入探討一個以前只是蜻蜓點水般帶過的主題？

脫稿演出：最適合採用具有催化作用的方式提問的場合之一，就是工作面試了。你身為考官，如果只照本宣科提出問題，你只會得到制式答案。所以這算是一個大好機會，讓你可以採用某種方式穿透應考者的表象，協助自己探索他們的領導與情感基因。我曾經面試成千上萬名求職者，因此發現，就更深入認識對方而言，以下三道問題最具催化作用：

（一）在某些方面，我們或許偶爾會在職場中遭受他人誤解。別人會以某種方式看待我們，但實際上我們並非如此。你最常被誤解之處是什麼呢？

（二）你在職涯中所犯過的最大錯誤是什麼？而你又為什麼會拿該次錯誤來回答我這道問題？

（三）你有什麼技能稱得上具有世界級的水準？如果你能提供一些證據，我深感榮幸。

第 6 章

第三門課：協作

「一旦你分享智慧的能力受阻，所受福氣亦如是。」

——作家黃忠良（Chungliang Al Huang）、傑瑞・林奇（Jerry Lynch）

「我們可以找個更私密的地方聊一聊嗎？」

五十三歲的 Airbnb 工程部經理，讀了我發表在二〇一七年四月《哈佛商業評論》的文章〈我五十二歲加入 Airbnb，終於搞懂年紀、智慧與科技產業〉，跑來找我私下聊聊。他建議我們在聖多里尼咖啡店（Santorini Café）碰面。這裡是 Airbnb 總部令人印象深刻的休憩場所之一。一進店內，我們就發現人聲鼎沸，這似乎讓他有點焦慮，於是改口我們坐在客人較少的外頭。

一邊聽他說故事，我漸漸明白為何他覺得在這個到處看得到同事的公共空間談論我們的年紀有點尷尬。這讓我想起第一章開頭提到的伯特．賈克伯和我在墨西哥巧遇的事件，剎那間我不禁納悶，我這樣到處公開放送年紀是不是很像白癡。但事實上我一點也不笨，還很走運。我在實體飯店業拚搏多年的輝煌紀錄，正是我被找進這家公司的原因。

我姑且稱這位老兄為「酷哥」，因為我倆的小聚會有點像在搞秘密社團。他是順著Airbnb的一樁人才收購（acqui-hire）交易才成為員工；人才收購是指大型科技公司買下較小的初創企業，通常是為了網羅技術人才。整個矽谷，特別在工程領域，科技企業往往偏愛更年輕的員工勞動力。但自從酷哥透過人才收購交易加入Airbnb後，他感覺到這個機會提供他一處鼓勵表現的不同環境，他心存感謝。

顯然酷哥喜歡Airbnb，而且很勤奮地每二至三年加強自己的編碼技術，以便與時俱進。儘管他經驗豐富，卻依舊具備我在上一章概述的初學者心態。他的交際手腕高明，因此成為深獲年輕工程師信賴的顧問，這群年紀幾乎只有他一半的小夥子精力充沛、深懷理想主義，也反過來為他打氣。酷哥是那種每個執行長都會喜歡的員工類型，但他自覺最能貢獻這家年輕企業之處，在於他能將多年來在矽谷學到的良好協作習慣雕塑成絕佳模型，俾利打造更強大的內部團隊。

我問他是否願意加入 Airbnb 智慧小組（Wisdom@Airbnb），這是一個多半由四十歲以上同僚組成的同伴團體，當時它可算是矽谷首創。這支團隊的用意是明確促進跨世代之間的智慧分享，並為年齡相仿的同儕建立一套支持網絡。他看著我，一臉我剛剛建議他一起跳下金門大橋似的。對於我的提議，他端出他在半百之年首次簽約成為全球最有價值科技公司工程師所遇到的挑戰來回覆：「我剛加入時，不必證明自己是個好經理，但我得努力在年輕同儕中贏得信任。這樣一來，當我最終能夠管理一支團隊時，成員都能工作愉快。但我肯定必須先證明自己的技術能力，可以說我是從勇闖前線做起，才能一步步走到今天。」

因此他告訴我：「我在 Airbnb 前半年期間什麼都不確定，雖然獲聘為經理，但一開始卻並非依技能分類才獲取這個職位。我的考核結果是，身為一名能帶來影響力的工程師，值得關注能否晉升至實際的管理職。」他接著繼續告訴我，諷刺的是，在他得以晉升至實質管理職之前，證明他這名 Airbnb 工程師價值的關鍵，卻是要利用他的管理、感性與觀察技能，型塑協作模式、建立信任基礎。「現在我覺得如魚得水。」

酷哥帶著微笑提醒我，第一次見面時我竟然對他說：「依你的年紀，當工程師不會太老嗎？」而且那時我根本不知道他已經五十多歲，以為他是四十來歲，還誇讚他「皮膚真好」。所以我建議他加入我們這個大叔、大嬸俱樂部，其間的諷刺我一聽就明白。他提醒我雙方初見面的情景，我對年齡的矛盾心態使我瞪大了眼睛。睿智的酷哥正在指點我迷津。

當今職場共有五個世代並存，我們可以像是抱持孤立主義的國家，口說世代分明的方言，人才待在同個大陸版塊上卻壁壘分明；或者，我們也可以找到方法銜接各個世代的邊界，樂於同時向年長和年輕的同儕學習。矽谷素以大量產出年輕破壞王聞名，但我為 Airbnb 設定的目標卻是想證明，被許多企業視為處女地的「代際合作」才可能成為最終的破壞王。無論是像 Airbnb 智慧小組這樣的新型專案，或是採取更巧妙、更靜態的做法，好比擁有酷哥這樣的員工在團隊中親身協作的領導力，我一天比一天更熱衷於證明，Airbnb 可以成為代際智慧轉移的好典範，還能夠跨其他產業與公司複製落實。

∴ 打造終極破壞王

我在 Airbnb 中最喜歡擔當的角色之一，就是建議布萊恩和其他內部人力資源高階主管，要如何打造更高效率的協作團隊。我在裘德威那些年累積了領導跨世代團隊的經驗，因此從中學到，一支協調得當、充分授權的團隊，就像是全體船員齊心同行。當你橫跨世代發掘性格類別與視角的多樣性，就很像全體船員合而為一，而非各划各的槳，大家速度一致。賽艇運動員將這種物理學奇蹟稱為「韻律」（Swing），它讓船行進更快，因為船槳一致出水，妨礙船前進的水中阻力比較小。

在職場，代際差異會引發阻礙團隊進步的磨擦，但也可能提供推動團隊前進的動力。正如我從多年來大量的試誤經驗所學到，一支體質良好的團隊可以超越自身常見的微小差異，變得更加高效、更富成效，成員的年齡層也越多元。現在我可以在更大的舞台上應用這些習得經驗。

二〇一四年，隨著我們 Airbnb 的領導團隊（也就是主管級）開始凝聚力量，情況就日益明顯了。這批包含三位千禧世代創辦人在內的十多位主管年齡分布頗平均，有嬰兒潮、X世代與千禧世代，大家有必要找出一種速成方式加深我們認識彼此，並合而為一地和諧運作。我們從閱讀派特．蘭奇歐尼所著《克服團隊領導的五大障礙》開始，聘請作者自創的管理顧問公司圓桌集團（The Table Group）擔任協調者，每隔幾週協助監督單日和多日的外部靜思會。這是一道相當花時間的承諾，需要我們褪下舊服，召喚具有催化作用的好奇心。

但是，真正助動我們開始打造同步化的事件，是在二〇一四年八月的多日外部靜思會發生，地點位於舊金山北部鄉間的索諾馬縣。事前全體主管級都私下做過邁爾斯．布里格斯類型量表（Myers-Briggs Type Indicator，MBTI）測驗，等大家全都聚集在房間後就獲知自己的測驗結果。我們開始對比十六種性格類型與所有主管，然後發現到一個天大的秘密：兩位創辦人布萊恩和奈森的共同點少到不行。

這還真是一個「頓悟時刻」，因為實在太明顯了。這兩位成功的創辦人，其一是富有遠見的設計師兼日益有自信的執行長，另一則是聰明絕頂、腳踏實地的工程師和技術長，兩人鮮少帶著同一副眼鏡看世界。他們一向相互尊重，但不必然有共生關係，現在我們終於明白為什麼。不過，在這次閉門會後他們開始真正看見各擅勝場的優勢可以如何互補，此後便發展出更強力的共事夥伴關係。

除了這一大啟示，整支團隊還有其他重大發現，讓我們為合為一體的運作做出些許修正。舉例來說，我們明白團隊裡有很多個性外向的人（特別是我及幾名年長成員），熱愛針對各種原生主題以外的次要議題腦力激盪。這種缺乏明確目標的即興作風，或是我們也不知道該如何執行並制定一套實作程序，經常把更傾向邏輯思考的主管搞到快抓狂。我們也意識到，既然已凝聚成一支團隊，要是開完會後彼此仍存歧見，將導致派系之爭，因此我們必須學會更從容自在地公開討論議題。我們更學到，特別是當我們的年齡、背景或性格差異可能絆住前進的腳步，勇於辯論、決定、承諾和協調之舉是多麼彌足珍貴。

我們這些主管級的密集特訓讓 Airbnb 獲得巨大回報，在展開這些深度團隊促進工程的一年後，匿名員工參與的問卷調查結果顯示，他們對主管級的信心提升了。而且，截至二〇一五年底，Airbnb 更坐上夙負盛名的美國職涯網站玻璃門（Glassdoor）年度「最佳雇主排名」冠軍寶座，部分原因是我們投資主管級密切協作、公司對核心價值許下特大號承諾，還有其他林林總總的因素。這份榜單完全是依據員工的反饋製成。全世界最佳企業善於將自己的差異當作強項，培育出多元化的協作團隊。老實說，我亟願加入一支廣納多元背景人才的團隊，因為在這些情況下我通常更能獲益良多。

∵代際即興表演

想像一下，要是墨西哥裔搖滾歌手卡洛斯．山塔那（Carlos Santana）決定隱瞞自己的年齡，打算重新提振音樂生涯，那會怎樣？卡洛斯在搖滾界打滾三十年，一九九〇年代中期遇到瓶頸。當時距離他的臉部特寫登上《滾石雜誌》（Rolling Stone）封面已過二十年，雖然他才五十歲，但芒刺唱片（Arista Records）裡有許多人都揣測他早已過氣。不過，比山塔那年長十五歲的總裁克里夫．戴維斯（Clive Davis）卻力挺他，還憑著直覺知道山塔那具有協作精神，心境常保年輕。

戴維斯提議山塔那與一批蓄勢待發的年輕音樂藝術家合作，他們年紀都比他小二十到三十歲，包括羅伯．湯瑪斯（Rob Thomas）、蘿倫．希爾（Lauryn Hill）、懷克里夫．金（Wyclef Jean）與大衛．馬修（Dave Matthews），眾人合灌一張能重新連結山塔那創意天性的唱片。一九九九年，山塔那和他的年輕夥伴獻聲全世界《超自然力量》（Supernatural）專輯，結果以一千五百萬張銷售佳績拿下十五張白金唱片、八項葛萊美大獎（Grammy Awards），充分證明代際合作的力量。

以下這份名單橫跨世代與性別。平克・勞斯貝（Bing Crosby）攜手大衛・鮑伊（David Bowie）做出單曲〈世界和平〉（Peace on Earth）；湯尼・班耐特（Tony Bennett）偕同艾美・懷絲（Amy Winehouse）創作單曲〈身與靈〉（Body and Soul）；法蘭克・辛那屈（Frank Sinatra）加娜塔莉・高（Natalie Cole）；伯特・巴克瑞克（Burt Bacharach）加艾維斯・卡斯提洛（Elvis Costello）；羅伊・奧比頌（Roy Orbison）加凱蒂蓮；強尼・凱許（Johnny Cash）加特倫特・雷澤諾（Trent Reznor）；羅伯・普藍特（Robert Plant）加艾莉森・克勞絲（Alison Krauss）；艾爾頓・強（Sir Elton John）加阿姆（Eminem）；蘿瑞・塔琳（Loretta Lynn）加傑克・懷特（Jack White）；尼爾・揚（Neil Young）加珍珠果醬合唱團（Pearl Jam）；威利・尼爾森（Willie Nelson）加諾拉・瓊絲（Norah Jones）；塞吉歐・曼德斯（Sergio Mendes）加黑眼豆豆合唱團（the Black Eyed Peas）；韋恩・蕭特（Wayne Shorter）加艾斯佩蘭莎・絲柏汀（Esperanza Spalding）；亞特・布雷基（Art Blakey）加溫頓・馬沙利斯（Wynton Marsalis），以及許多與年輕天才合作的老一輩爵士樂大師。

音樂促成一種自然的即興創作，在最佳的狀況下，會讓每個人都可以發揮自身最大才能；有時候，正是這些天賦或觀點不分界線並列呈現，才會創造出這樣的美。你可以看到，當年輕音樂家和老一輩的大師教學相長，他的雙眼閃耀喜悅。特別是涉及爵士時，幾乎就像是老前輩正在傳授年輕的明日之星音樂的智慧，即如何識別音符與節奏背後的模式。但是，正如我在〈附錄〉中所提出的證據，《心靈樂手》（Keep on Keepin' on）這部代際合拍的電影也讓我們看到，大師們總能從他們的超級明星學生身上學到一些東西。

在音樂、藝術、科學以及其他任何領域，年齡、背景和思想多元化會點燃創意的火花，為何職場就應該有所不同？事實上，管理顧問公司麥肯錫（McKinsey）曾調查，性別多元化的公司全年表現比全國產業平均勝出一五%，種族多樣化的企業則是比種族單一的同業高出三五%。密西根大學教授史考特・佩吉（Scott Page）在著作《差異》（The Difference）中概述，為何進步、創新可能比較不取決於智商超高的孤獨思想家，而是更依靠多元背景的個體通力合作、充分發揮各自性格，進而證明能夠並陳各種觀點的團體表現，將超越共處同溫層的專家們。如曾任全錄旗下帕羅奧圖研究中心主任的約翰・史立・布朗（John Seely Brown）所說：「突破瓶頸的方法往往出現在產業之間的空白地帶……這些產業開始彼此碰撞，全新事物就在這場碰撞中急遽冒出頭。」

以史為鑑，歐洲人比其他所有人更深入探究代際團隊的價值，他們的研究證實，當資深員工成為混齡團隊的一員，不僅全體團隊更有效率，年輕員工亦然，因而歸納出混齡團隊可能會產生溢出效應。舉例來說，汽車大廠寶馬（BMW）曾公布一份著名的工廠研究報告，發現以年輕人為主的團隊儘管動作迅速，但連連犯錯；以資深員工為主的團隊雖然動作緩慢，但鮮少犯錯；混齡團隊的生產力則最高。其他研究則顯示，代際混合的團隊行得通，因為年長員工知道如何解決問題，而且願意為結果負責，年輕員工則是行動更快，也主動承擔更多創新的風險。

《經濟學人》報導，美世諮詢公司發現，年長員工的貢獻度比較可能顯現在團隊績效上，而非傳統的個人績效指標（即每人每小時生產多少樣產品）。合夥人海格．納班提恩（Haig Nalbantian）說：「看來資深員工的貢獻度，體現在提高周圍同儕的生產力。」

上述研究以及它們放大長者價值的事實不出我意料。我們怎樣打發時間，就反映我們如何經營人生；在一家企業裡，這一點往往就能決定成功或失敗。

你不是第一次參加競技

如果一組團隊就像一支管弦樂隊，長者可說是熟練的指揮，同步綜合許多音樂家的獨特旋律，創造出融洽的和諧感。他／她協助打造建立健康、高生產力團隊和會議的棲地，以免團隊淪於各彈各調的烏合之眾——這就是年輕經理人領導權限微薄、團隊培訓不彰如此顯著的原因。

近四成美國勞工都有個比自己年輕的老闆，這個比率還在迅速成長，但我要告訴你一組可怕的數據。領導力發展顧問傑克．詹勒檢視自己跑遍全球、帶過領導力培訓課程的一萬七千名學員後發現，他們的平均年齡是四十二歲，但這些企業的員工平均三十歲就會當上主管，只是此後九年都文風不動；也就是說，他們直到三十九歲開始上他的課程前，完全不曾接受任何其他培訓。三十至四十二歲這段黯淡歲月，年輕經理人只能在沒有正式指導的情況下領軍演出。

隨著指揮家這個角色日益落在年輕的數位通領導者身上，這種缺乏正規培訓的現象正成為龐大的組織負擔，這就好比將旅遊巴士的車鑰匙交給從未上過駕訓課，卻又雄心萬丈、聰明有才智的生手。英國報刊《金融時報》與美國雜誌《快企業》就指出，優步的三千名管理人員「晉升速度飛快，卻缺乏指導」；六三%管理級不曾帶兵打仗。正如資深領導人所說：「一家公司深受醜聞連環爆之苦，主要問題在於缺乏熟練的管理、團隊合作。」因此，優步引進兩位嬰兒潮世代女性試圖解決這個問題，其一是擔任人資長的資深副總裁黎安・霍恩熙（Liane Hornsey），另一位是領導與策略資深副總裁法蘭西絲・佛蕾（Frances Frei）。*只是，缺乏經驗豐富的領導與程序，已對公司本身、品牌和前任執行長帶來衝擊。

在許多年輕公司缺乏正式指導的情況下，適合斜槓樂齡族介入的主要職責和機會之一就是扮演指點迷津的角色，無論是我們提供正式的領導力培訓，或更多即時隨地就可以提出的建言。優步正處於自我導正的階段，但仍有無數科技公司渾然不知自己出問題了。

身為熟練指揮家的長者，就像是情緒界的氣象學家，具備敏銳察覺某些特定模式的能力，因此得以搶先眾人一步，在暴風雲浮現地平線時就看到跡象。有時候，斜槓樂齡族在一家年輕數位公司的角色，就是吹響警告置身霧中船隻的號角，或是當團隊成員在檯面下暗潮洶湧產生磨擦或分裂，趕在引爆前對毫無所悉的年輕領導者發出「小艇警告」。有時候，壞天象

* 譯注：本書中文版付梓時，兩人都已離職。

根本就是因為共同創辦人立場互異（幸好Airbnb的情況並非如此）。哈佛商學院教授諾姆．華瑟曼（Noam Wasserman）發現：「一份調查一萬名創辦人的報告顯示，六五％初創公司會因共同創辦人的衝突一敗塗地。」在許多情況下，引進斜槓樂齡族或許是解決之道。

研究人員發現，解決年輕領導人準備不足的頭號藥方，就是為他提供學習和發展培訓——這正是我加入Airbnb不到六星期，布萊恩．切斯基就要求我開辦經理人領導力和發展計畫的原因。雖然該計畫主要聚焦在教導二十八歲主管如何領導二十四歲員工，但有些年輕主管也得和酷哥這樣的大叔員工開會。再者，儘管布萊恩本人開會很有成效，初期我曾參加許多場某位年輕領導人所主持的會議，他顯然對如何有成效的開會毫無經驗。我們的領導力和發展計畫設定以下核心主題：「如果有人老是唱反調，你如何設計立場一致的聯盟？」或「當你領導一支團隊時，怎麼判讀會議室裡每一名成員的情緒？」

我相信那些置身充斥年輕經理人職場的斜槓樂齡族，也希望能制定類似培訓計畫，但如果沒有機會開展正式計畫，請參考第三章提到的凱倫．維克爾親身經歷；她任職Google的九年間，換過七名不同的年輕經理，因此深諳私下指導的精妙之處。有一次，她和其中一名嚴苛出名的老闆坐下來談話，提供對方一些最有效管理她的超管用提示。一旦她將自己的建言定位成可能對他的長期職涯有益的元素，他就敞開心胸傾聽，再也不將凱倫的反饋歸為某種表現偏差的問題。

同理，我不會當場對主持會議的年輕經理人提供建議；反之，我會先探問對方是否願意接受反饋，然後找一段不受打擾的私人時間，分享一些或許有助他們提高成效的想法。再次提醒，正因為你的年歲較長，較不會與年輕經理人成為競爭對手，他們或許更樂於聽你說說有建設性的意見。

∴ 情緒商數對上數位商數

在過去，職場中的「連結」意味著你有一副塞到快爆開的名片整理匣；在今天，則代表你擁有許多種科技載體可以溝通。不過，雖然人脈與聯繫他們的管道有其價值，「連結」的真正定義，應該是設身處地與他人產生共鳴，這個道理卻往往在一片混亂之中失真了，可能導致你錯失與他人直接對話這種人性天賦。面對面這種連結形式，教會我們眼神接觸、專注對方所說內容因而無法一心多用，也讓我們學會判讀對方的肢體語言。而且由於你的第六感通常在面對面時會更有感應，因此也改善同理心與親近對方的能耐，甚至昇華直覺這門藝術。當我們面對面坐下來時，雙方的鏡像神經元會同步作用。

許多斜槓樂齡族可以像音樂家看樂譜或音階一樣判讀人類情緒，另一方面，許多年輕人則擅長閱讀 iPhone 螢幕、理解手機內部如何運作，而非判讀鄰人的表情和情緒。研究顯示，千禧世代每天檢查智慧手機一百五十三次，但嬰兒潮世代只有三十次。結果是，雖然千禧世代非常擅長使用表情符號表達情緒，但往往錯過可以產生人際間情感交流的面對面連結。請留意，當你在手機螢幕打出草率的文字簡訊，對方解讀就可能出錯；如果你打出「?!」，便可能把提問誤會為在憤怒感嘆。欲速則不達，對吧?!

在 Airbnb，我的周遭都是數位通，但他們可能沒有意識到，隔壁的「情緒通」正是幫助他們成長為優秀領導者的關鍵。所以，我這名犯有科技恐懼症的老骨頭，腦子就開始建構一道問題：你願意分一些數位商數來交換我的情緒商數嗎？雖然我從未直截了當地提出這個問題，但這樁隱蔽的交換提議卻創造互贏：我學到如何流暢地使用科技，像是閃聊（Snapchat）和微信（WeChat）；一起共事的年輕同僚則學到如何更流暢地人際交流，就像是現在不太流行的閒聊打屁。

在電影《高年級實習生》裡，年輕執行長安・海瑟威（Anne Hathaway）剛開始根本就不想要勞勃・狄尼諾當她的私人實習生，因為這位斜槓樂齡族實在有點「謹慎過頭」。但「謹慎過頭」卻是幫助我在 Airbnb 成功的原因之一，讓我與共事夥伴創造管理作家史蒂芬・柯維（Stephen Covey）所稱的「情感帳戶」（emotional bank account）。我不管你是否置身企業對企業（B2B）、企業對個人（B2C）、個人對個人（C2C）或全都包（A2Z）的世界裡，從根本上來說，所有業務都是人對人（H2H）。當你在組織裡承擔的責任越重大，情緒商數就變得更重要；你在組織架構圖的位置越高，情緒感染力就越強。

人際技能就像協作和同理心一樣，對團隊與公司業績都具有強大的影響力。許多人撰文討論過 Google 內部的亞里斯多德計畫（Project Aristotle），那是一套為期兩年的計畫，旨在找出最成功團隊的組成元素。一開始，大家都以為答案與團隊裡的個別成員有關。傳統智慧說，只要找出最優秀、最聰明的人才，並確保組成分子背景多元——精明的企管碩士生、天才工程師，加上具有審美觀的設計師，另外再找一些絕頂聰明的怪咖——就可以搞出一番成就。

但 Google 在這項具有里程碑意義的研究中發現，無論是有意或無意，個人特質遠遠不如集體慣例及規範重要，「心理安全」或「團隊成員共享信念，亦即團隊是一個支持冒險的安全場所」，這種感知已被證明對團隊的協作能力影響最大，因此對他們的效力影響也最大。

我們身為長者，具有成為作家華倫・班尼斯（Warren Bennis）筆下「第一流警覺者」（這是他借自小說家索爾・貝婁 [Saul Bellow] 作品《實際》[The Actual] 內的術語）的能力，也意味著我們特別會在動盪時期密切關注周遭發生的一舉一動。年輕人可能新陳代謝食物比較快，老人家則新陳代謝情緒比較快，尤其是負面情緒，這一點對協作格外有益。就這層意義而言，斜槓樂齡族就像是轉譯者，也就是說，我們會注意到別人遺漏的細節，然後將它們轉化成必要的智慧並做出資訊充足的決策，以利採取行動。

我在本章一開始提到的酷哥，教會我發揮同理心的沈靜協作力量。他待在 Airbnb 的時間越久，對這家企業獨特的包容性做法也就更自在。酷哥的本名是約翰・Q・史密斯（John Q. Smith），他告訴我，最佳合作型態都是自然發生。在他五十出頭時，得到同時兼任經理與個別貢獻者的機會，以前他看過太多超級明星工程師在轉換身分時調適不良。

他說：「個人貢獻者擁有出色的編碼技能，以此身分做決策時自主運作無礙；他們習於端出『完美知識』處理問題，據此做成最終決定；但當他們轉換成管理階級時，幾乎總得依據不完善的資訊做出決定，而且那些資訊常得透過更多協作才能提供。假如他們沒讓旁人理解這項決策轉化過程，很少人明白為何他們會做得這麼辛苦——因為他們得花時間不斷練習。無論是哪種情況，對他們的團隊都很不利，所以我的職責其中一部分就是要協助他們理解，以往從事編碼工作時，掌握一〇〇%資訊才可做決定，但如今最多只能在六成把握下做出正確決策。」

約翰發現，若想讓有才幹的年輕工程師看清協作是怎麼一回事，最佳之道就是邀請對方與他一起開會討論，親眼目睹優秀團隊的和諧共處之道。此後，他除了會幫助這名前途無量的技術專家理解自己做了什麼決定，還會讓他知道經理人如何在無法掌握完美資訊的情況下做出特定決策。我們在上一章概述許多斜槓樂齡族實踐守則，諸如提出好問題等，那都是約翰在非正式討論中試圖教育年輕同事的根本法則。你最後一次對潛力無限的年輕領導人提出邀請機會，讓他們能坐下來體驗健康、協作的團隊互動，是什麼時候的事呢？

∴心照不宣的交換協議

雖然數位商數交換情緒商數也許是斜槓樂齡族能提供菜鳥同事最常見的交換協議，但彼此交換的技能會因不同產業領域而異。你能端上檯面最顯而易見的資產，就是某一門產業的深度知識與連結，而它正好是年輕同事想要破壞的目標。

五十七歲的布莉姬．達菲（Bridget Duffy）博士已在醫療保健產業取得數十年成功，幾年前還任職克里夫蘭診所（Cleveland Clinic）時，曾是全國第一位體驗長。她共同創立提供病患體驗公司健檢（ExperiaHealth）並擔任執行長，沒多久就被醫療通訊系統服務商聲代（Vocera）收購。一直以來她都是洛克健康（Rock Health）的董事會成員兼主席，後者是第一家致力投資數位醫療的風險創投。前一陣子，布莉姬請問經營洛克健康非營利部門的二十多歲年輕人影印機在哪裡，他們回瞪她的眼光好似她瘋了。他們告訴她：「拿手機拍下文件，然後找個APP存起來就好。」雖然他們指點迷津時畢恭畢敬，但布莉姬不禁覺得自己有點無知。

然而，也正是布莉姬幫助他們明白，只要能理解系統中的缺憾，他們就有能力為醫療保健領域敗來震盪；同時，她也幫他們看出過去從未在Google搜尋中注意到的枝微末節。在所有產業裡，科技的威力有多強大，端看它實現人與人之間的連結能力而定；在醫療保健方面，科技在建立互信的神聖關係以促進康復這一點做得很出色。年輕的魔法師能夠創造令人驚嘆的科技新品，但布莉姬一直都扮演數位健康中心的造橋者，將產品轉化成更深入許多人生活的解方。

歡迎來到教學相長的世界。我將在第九章介紹企業如何促進反向指導關係，指的是年輕同事可以幫助年長員工厚積數位商數。但由於本章談論主題是協作，讓我們體認到，我們都只是彼此的鏡子和映射影像。我越幫你發展某一種技能，你對我們團隊的價值就越高，別人就會更用力學習、模仿你的新技能，最後就提升更多價值。這種智慧傳遞只要不是偏於單一方，就能持久不輟；當所有對象都願意付出與學習，智慧傳遞就能相應互惠。

心照不宣的交換協議，精妙之處在於你可以和任何背景相異卻能相輔的對象合作，管他是數位智慧、流行文化常識，或是接觸不同對象和網絡。也許這位二十五歲的同事根本和你分屬不同部門，但你們就只是感覺「很對頭」；她可以協助你學會 iPhone 裡九七％你根本不知道的內建功能，你則反過來教她九七％她搞不懂的同事情緒問題。

有時這些交換協議比較明確，舉例來說，我是 Airbnb 內部唯一曾經營飯店的過來人，也是少數幾位在旅遊業打滾過的高階主管之一，所以為了換取我上過的各種數位教學課程，我還成為專門講解產業運作之道主題的專家，協助不同業務的團隊。即使至今我已脫離全職，轉任兼職策略顧問，公司裡那些試圖搞懂這門產業的經理人，還是經常向我諮詢。

同理，六十七歲的好友佛瑞德．雷德（Fred Reid）也很樂意拿自己的傳統產業知識換取未來科技的速成課程。在談到所謂破壞時，他也有一段與我類似的遭遇，不過他並非在飯店業，而是航空業。

佛瑞德先後任職德國漢莎（Lufthansa）、美國達美（Delta）航空總裁，還是創辦維京美國（Virgin America）的執行長。由於他是號召二十多家業者共同架構星空聯盟（Star Alliance）的要角之一，因此也深諳協作之道。星空聯盟是獨立品牌聯盟，堪稱航空業合作典範。他就和我一樣，曾是舊金山灣區的執行長，二〇一四年末應召前往矽谷中心的秘密工廠時，他對科技是一竅不通。他發現一群驚人的工程師、軟體和電池奇才，還有正在開發全新型態交通工具的技師：一架可以直線升空向前飛的機器，採用固定式機翼，飛行時幾乎安靜無聲。它的電力來源是零排放電池，涵蓋前所未見的精密軟體和飛行控制系統。上述描述聽起來像是卡通《傑森一家》（The Jetsons）裡那具高速飛碟——它真的就是，好比一輛可以從網球場或你家車道起降的車，也是在空中飛行的計程車或優步共乘車。

這具新式空中旅遊飛行器的公司團隊名為海空（Zee.Aero），與旗下子公司小鷹（Kitty Hawk）的主要股東都是Google共同創辦人賴瑞・佩吉。當它們必須在諸多國家處理複雜的政府監管流程，並為這家初創公司制定品牌、行銷與溝通策略時，需要佛瑞德這類經驗豐富的高階主管擔任專家角色。它們需要他與一支才華洋溢的資深領導團隊協作，其中有些人還比他年輕三十歲。

佛瑞德和我一樣，為了適應新的落腳地，非得尋求年輕的數位通新同事協助不可。他說：「我很有自知之明，自己是這項秘密專案半路殺進來的程咬金，得和來自電動車廠特斯拉（Tesla）、Google、國家航空暨太空總署（NASA）、飛機製造商波音（Boeing）與國防先進研究計畫局（DARPA）的年輕當紅炸子雞，以及其他主要的企業並肩合作，所以曾有好幾天我都覺得無所適從。但我必須記住，這是一支超過百人的團隊，可是只有一個人曾經數次坐上營運長／總裁／執行長職位，具備實際經營企業的經驗。那個人就是我，這一點不斷提醒我，他們也需要我。」

佛瑞德與領導團隊教學相長，而且他具備深厚知識與開放的學習心態，因此頗獲重視。如果沒有後者這項元素，他在這家研發飛天車的企業根本熬不過一星期。他說：「我樂意拿自己的經驗交換對方提供我的任何回饋，也就是令人讚嘆的奇蹟、真正可以參與創造歷史的能力，好為世界各地的社會提供具有廣泛實用性的產品和服務。」

你可能是具備豐富企業軟體銷售經驗的中階主管，能協助沒有相關產業知識或人脈的年輕破壞者。或者，你可能是任職非營利機構的經理人，非常精於為組織撰寫善款資助企劃書；

你對於缺乏經驗但潛力無窮的藝術機構來說正是天賜良緣，因為它雖有美好願景，卻不懂得如何與政府機關和提供補助的基金會打交道，讓它們願意撥款資助自己。關鍵在於，掌握自己的價值，確保你的年輕同事也能看到它。請留意，在許多企業與產業裡，年輕員工總被歸類成擁有最尖端知識的族群，因此壓力常常落在資深員工肩上，他們得提出即時可用的知識（也就是年輕人不懂的專業產業知識），以及禁得起時間考驗的智慧。

不過我相信，唯有雙方都明白彼此之間需要充分學習的情況下，打造跨世代橋樑的情形才會自然發生。畢竟，當智慧雙向流動時，公司才能獲得龐大的附帶利益，體現這道目標的形式為創造力、生產力和溝通，更別提減少依賴正規學習和發展計畫所撙節的成本。在服務同一家雇主和使命個體之間打造跨越幾十年、數個世代的連結，將能開闢各種可能性。

羅馬哲學家塞尼加（Seneca）曾寫：「如果我所得到的智慧是經由一種應該保持封閉且不得洩露給任何人的方式而來，那麼我就應該拒絕它。除非能夠分享其他人，否則擁有任何寶貴事物就毫無樂趣可言。」試著將你的職場想像成一場人人各帶菜餚共享的百樂餐會。在下一章，我們會試著從那個視角切入，將它應用在最後一門課：如何對尋求明智諮詢的對象提供建言。

∴促進協作的樂齡族實踐守則

一、創造心理安全感

正如 Google 在亞里斯多德計畫中歸納的結論，即使是一家最戮力落實數據驅動的企業，一樣會受到人性本質的基本面影響。商界最常遭到忽略的事實就是，我們生而為人。如果你們打造的團隊規範能協助每個人都感覺到，這支團隊隨時支持你們與所肩負的使命，而非暗中破壞，你們的協作能耐將可獲得改善。

以下是已經證實有效的團隊規範：

- 試著鼓勵每個人都參與小組討論，尤其是那些代表不同群體和觀點的小組討論。
- 以身作則，亦即在談話過程中不打斷團隊成員；也請在拿其他人的想法當作行動基礎時，將功勞歸給出點子的人。
- 將團隊之間的衝突或心有不滿的人找出來，這樣你才能親自解決問題。
- 建立一套閱讀肢體語言的技巧，觀察哪些人參與、哪些人不參與。因為這可能意味著，如果有人打算主動不參與，你必須在會議後找對方一對一討論。

- 大家討論某項主題時，如果在場有比較資淺、卻最熟悉相關數據的員工，請提供他們充分時間解決問題。許多公司的資深主管幾乎可說是在大半不懂的情況下做出單邊決策，反而忘記最熟悉數據的資淺員工或許是最珍貴的資源。
- 使用上一章提供的技巧，即提出具催化好奇心作用的真誠問題。

二、將協作融入文化中

強納森．羅森柏格（Jonathan Rosenberg）是一位轉戰 Google 各單位十五年的資深主管，曾與前任執行長艾力克．施密特共同撰寫《Google 模式》（How Google Works），如今這對搭檔正合作第二本新作，將探討領導力教練和業界導師比爾．坎貝爾。強納森向比爾師法的其中一招協作，就是確保會議結束時所有行動項目都由兩人共享，而非僅其中一人知情。這種做法能敦促團隊成員，即使得馬不停蹄出席好幾場會議，一樣能並肩合作、達成共識，同時能口徑一致地上呈他們的發現或解決方案。

三、研究一套與你互有共鳴的人格類型評估工具

即使我們身邊那些最能自得其樂的人，也可以從人格類型評估工具獲得好處，以便協助我們更容易判讀他人，打造更緊密的人與人連結關係。我發現，這些工具用在檢視這股力量究竟如何影響一支團體內部氛圍變化時特別管用。首先，如果你搞不清楚狀況，請聯繫人力資源團隊，看看是否有他們偏好的現成工具，或是在不久的將來要推出。雖然學習不同的方法也很有價值，最好還是從已在組織中占有主導地位的方法開始。如果你的眼前有個開放的選擇領域，我在〈附錄〉這一節的「人格類型評估工具」概述一些我在各種企業環境中所看過的最佳範例。

四、精心打造一套心照不宣（或雙方心知肚明）的交換協議

在你的團隊或公司裡，可能有一個特定傢伙（姑且不管年紀）似乎對你不懂的主題涉獵十分淵博。請開始和對方建立關係；一旦你感到信任感已經穩固，就請開口詢問他們能否花點時間教予你相關主題。如果對方是個年輕人，我們或許將這道過程稱為逆向指導，但沒必要特別標示。我建議你讓這種互動關係賦予雙方好處，這樣會促使你問對方：「我必須反饋

什麼？」一位朋友曾經提出更宏觀的問題：「要是我打電話召開一場世界級會議，我會想要教他們什麼？」

你想回贈對方的禮物對你而言可能不算什麼，但根據《哈佛商業評論》一篇報導，以下是千禧世代想要老闆與公司提供他們的回報：協助導航我的職涯道路；提供我直接的反饋；指導並教練我；開發我未來的技能；琢磨我在專業領域的技術能力；自我管理與個人生產力、領導力或功能性的知識；還有創造力與創新策略。我敢打賭，至少其中有一項你肯定有料足以提供。

最後，如果你像我一樣，可能擁有一家破壞性企業所渴求的寶貴產業知識，值得你在與具有破壞力的企業求職面談過程中提出，探討對方是否真正重視你的價值，或反而是擔心這些知識會令你裹足不前。與未來可能成為老闆的對象或非常資深的領導人展開討論，回敬對方以下問題：「我的產業專業知識如何能夠協助你和公司？你最擔心的不利之處會是什麼？」就這一點向對方開誠布公，可以讓你看清楚，自己是否正進入一家心態成熟的企業，足以使你在此教學相長、互助協作。

第 7 章 第四門課∵忠告

「有人問我，在我見過的人當中，最有智慧的人具備哪些共同點……以下是我就自己的感覺所能提供的答案：採用一種讓人眼睛一亮、帶有創意的相互影響手法，體現一種剛柔並濟的能耐。這種存在方式不僅顯而易見、令人耳目一新，且頗具震撼性，難以理解。除此之外，它從本質上改變我對力量的感知和定義。這就是此刻我具體感受智慧所能提出最貼切的描述。這是一種實質存在的體驗，一如我們的意識和精神。」

——廣播節目主持人克莉絲塔·提佩特（Krista Tippett）

∵「何事讓你樂在工作？」

二十九歲的潔西卡·塞曼（Jessica Semaan）是我的搭檔，也是我年輕歲月的真實寫照。但在二〇一四年的這一天，她淚流滿面……而且不是喜悅的眼淚。就在跨過三十大關之前，她正處於離開 Airbnb 的危急處境，覺得自己快完蛋了。

潔西卡是我進入 Airbnb 後認識的第一批員工，和另外四名同事一起被分派到我剛成立的餐旅特別小組（Hospitality Task Force），這個單位旨在想像 Airbnb 壯大後如何成為一家細膩周到的餐飲旅遊企業。雖然潔西卡和我一樣都有史丹佛大學企管碩士學位，但她打從心底就是叛逆詩人，感覺像是我的翻版。她在黎巴嫩的貝魯特內戰背景中度過童年，永遠努力扮演年輕又自戀的母親心中的「好女兒」，因此從小就為成績讀書，還不斷加速衝刺，將獲得越來越多的成功當成提高自我價值的手段。在我們討論關於打造一支 Airbnb 內部飯店團隊的過程中我發現，我們暢談愛情、生活和恐懼的程度跟討論工作相差無幾。潔西卡讓我想起我自己在她那年紀時，也是在超高信心和令人心碎的自我懷疑之間大幅擺盪。特別小組有效開展幾個月後，她將注意力轉回自己的客戶體驗經理工作。

我到職後的一年間，被賦予從零開始打造全世界第一場 Airbnb 全球房東會議的任務。預算不多，給予規劃、執行時間不到五個月，而且布萊恩期待我將這場房東大會發展成旅遊業的節慶，足與世界博覽會相提並論。只不過，我身邊沒半個全職員工能夠伸出援手實現這項目標，同時我還得帶領四個其他部門。我沒壓力才怪！很明顯，我需要一位首席副官，感覺上潔西卡就是那個人選。不過，人是站到我面前了，她卻淚眼汪汪地告訴我，她和老闆之間的關係已經惡劣到她懷疑有失憶症狀，記不得當初為何進入 Airbnb。

我提出本節標題開宗明義的問題，因為我堅信，每個人生命中的天職往往源自那些為你帶來幸福感的事物。當她毫不猶豫地回答喜歡創作時，我分享己身的經驗，亦即唯有在一個可以讓你的天賦被看見並善用的場域，創造力才能發揮得最淋漓盡致。我也分享自己的建言：主動尋找這個場域，試著將職涯想成一場學習馬拉松，而非僅是一連串交易，這一點很重要。我問她：「在妳離職前，是否願意公開加入我這趟打造房東大會之旅？它會協助妳重新喚回身為創造者的喜悅，也將為別人帶來歡樂。此外，它還會協助妳再次相信自己。」

幸好潔西卡同意了。我們打造一場為期三天的重要活動，才一開賣，半天內就對四十個國家的房東售出一千五百張門票。隨後兩年各在舊金山與巴黎舉辦兩場房東大會，第三年則是在洛杉磯，吸引全球一百多個國家的兩萬名房東與房客，還贏得最佳企業體驗節慶或大會的獎項。如果沒有潔西卡，就不會有這項好成績。

潔西卡協助辦完第一屆房東大會不久後就離職，那時的她再也不是受傷的小麻雀，而是充滿自信地準備好展翅高飛。她動手創辦熱情工坊（The Passion Company），這是一個致力協助他人啟動熱情、把公餘興趣開展成事業的組織。潔西卡的熱情就是協助他人挖掘自己的熱情。她也成為一名作家，情感纖細但威力強大的散文觸動許多讀者的心聲，也難怪她現在正在學習成為一名心理治療師。她的人生已經變成協助他人相信自己的旅程，而這一切，全始於她重新開始相信自己。

打造「建言」講台

協作是一項團隊運動，但商量卻是一對一。「商量」（counsel）這個詞彙伴隨著各式各樣的語意：可以指律師、指導顧問、調查美國總統的特任檢察官等。把那些意義全忘了吧！就以身為企業裡的斜槓樂齡族這條脈絡來看，打商量，意味著成為年輕同事的「密友」。

我在人事和知識方面的網絡，無意中將我變成 Airbnb 內部的圖書館員。我這輩子對陌生人和新鮮事一直很好奇，這也意味著我善讀人心、擅於連結吧。別人看我就像是隨時可以推薦一本好書或研究報告，或是幫忙介紹某一行的專家。有時我只是洗耳恭聽，其他時候則提供建言，諸如職場禮儀、如何改善與老闆之間的關係等，而且經常是忠言逆耳；我的商勸不一定特別刻劃人心。對我們這些在職場中打滾幾十年、擁有豐富經歷的過來人來說，為求知若渴的傻小子點亮明燈只是舉手之勞。正如擔任臉書副總裁的好友羅伯・高曼（Rob Goldman）所說：「許多年輕人還不懂何謂卓越表現。」儘管我自己才在上嬰兒潮世代的「入門學校」速成班，摸索著資深員工在年輕初創公司裡該如何自處，我卻同時在渾然不覺的情況下，開了一家堪稱專攻千禧世代的「成年學校」。

我不確定 Airbnb 內部有否其他任何人被不同群體的員工「要求聊天」，以尋求更多元的建議或連結。這些同事都不是我的直屬手下，絕大多數甚至不在我管理的部門。我覺得自己有點像《史奴比》漫畫裡的露西，她會架設自己版本的飲料攤，並提供一次要價五美分的「心理救助」。

這些同事完全不視我為競爭對手或事業上的威脅，因此我常常成為他們主動掏心掏肺的密友；我不只傾聽，還會為他們打氣。我一向總是傾力對所有邀約熱烈歡迎，對我們雙方來說，這都是充實內涵的機會。雖然擔當這個角色確實額外佔用我大量時間，但一切都很值得。

如果我跨越整個組織的各個孤島（部門）細數所有對話，你將會看到我成了公司內部的人際關係與知識網絡中心；我身為創辦人的顧問，這倒是挺好的局面，因為我可以真正感受到公司表象之下個別團隊的脈動。在創辦人全力衝刺、每年規模成長一倍之際，身邊若有一位斜槓樂齡族從旁協助他們看清楚內部發展情形，將會很有價值。

作家尼爾・蓋曼（Neil Gaiman）曾寫：「Google可以提供你大概十萬則答案，圖書館員則可以給你一個正確答案。」Google或許是全世界最好用的搜尋引擎，卻無法理解人類心靈的幽微之處。有時候，想找出我們尋覓已久的智慧，搜尋引擎並非最佳選擇，明智的商量對象或顧問才是。在那種情況下，斜槓樂齡族也意味著成為「企業內部圖書館員」，作用就是協助他人篩選周遭大量知識與智慧資源。

所以我脫下執行長這套「舞台上的聖人」服裝，換穿兩套新服：圖書館員和密友。身為「從旁指導者」，讓我能協助年輕同事更看清楚自己、從錯誤中汲取教訓，並希冀他們在職涯早期就能在工作中獲得喜悅。

明智的顧問可以將一些得之不易的智慧嵌入其他人心中，因而價值無法估量，以至於管理諮詢、建築與建物設計等產業，都採用相仿的學徒模式，有助在組織設計中嵌入導師制。聰明的公司都知道，雖然競爭對手或許會把「諮詢」業務外包給可能提供通識智慧的外部教練，但是當睿智長者每天和接受建議的對象一起在戰壕打仗，同時給予顧問諮詢時，他的成效將遠優於外部顧問。

：圖書館員：結合「人脈」與「知識」

我加入 Airbnb 的部分原因，是我很好奇所謂「全球網絡效應」這門生意。Airbnb 就和臉書、eBay 一樣，隨著用戶成長也變得越來越重要；也就是說，房東和房客都越來越固定使用這個網站了。在創投領域，他們慣用「流動性」這個術語描述這樣的理想情境（與金融界說的現金流動不一樣），指的是一旦消費者知道某個平台坐擁龐大用戶，他們就會選擇它當作主要目的地；到這一步，這個市場效應就夠大了。

斜槓樂齡族扮演企業內部的圖書館員角色時，大都具備「個人網絡效應」，畢竟一般來說，你的年紀越大，遇到的人就越多。

大致上，你活的時間越長，讀過的書就越多。我讀過很多書，還莫名鍾愛學術白皮書，所以我的腦中有一座儲放資訊和資源的圖書館，可供其他人嘗試接收應用。我提供這家企業的流動性與價值，就是廣泛分享我的「人脈」與「知識」；這並不單單有利我的年輕同事，它們是打造我的內部專業社會資本的基礎。隨著 Airbnb 變成一家炙手可熱的公司，它們也是打造我外部名聲的根基——我成為接洽 Airbnb 的首要接點，任何人想和這家企業產生連結都會先找我。

在數位搜尋引擎時代，這聽起來像是天真的「類比」時代說法。難道 Google 不是最終的企業內部圖書館員嗎？誠然，Google 能比人類更快速、廣泛找到資訊，但它或許不理解你搜尋的上下文意涵，於是根據你在搜尋欄輸入了什麼字詞，你就只會收到相應的結果。反之，當我們與某人面對面接觸時，大腦會從更多管道接收訊息來描述我們的「搜尋」文本，像是：誰提出問題；對方的肢體語言與音調顯示了怎樣的情緒；在提問前的兩、三分鐘他們談了什麼；或是之前的對話內容是什麼等等。這遠多於你在搜尋欄輸入的幾個字。再者，Google 不會追詢後續問題，只會秀出演算法設定的模式，但人類的成熟心智卻能歸納單一問題的細微差別，偶爾還會出乎意料地將各個點連成線。我們的腦子從經驗中設立龐大資料集，幫助我們提出更多明智的答案。

隨著我身為 Airbnb 長者與關係連結者的身分陸續強化，我所打造的關係網絡足以成為招聘團隊的資源，有助他們尋找某些類型的客戶服務高階主管；也可以成為政策團隊的資源，協助他們建立與監管機構和旅遊業溝通的橋樑；還能成為研究團隊的資源，例如當我們探索內在與外在的房東獎勵方案時，可以利用我跨界心理學和商業領域撰寫書籍與文章時所建立的連結，推薦他們專精激勵理論的學者；更能成為商業差旅團隊的資源，為他們牽線以前曾共事過的企業差旅事業部經理。要是我只有現在年齡的一半（好比我在Airbnb的同僚），上述人脈庫或知識庫可能會少個九成。

我得再次聲明，每當我針對同事的提問回覆答案時，腦中的四輪驅動力常令我驚訝——它經常從表面直往隱蔽的記憶裡層探索。沒錯，領英、臉書或Google協助我打造一套將同事介紹給連絡人的方式，但我這顆圖書館員大腦中的細微訣竅，才是一次又一次為我與公司提供服務的關鍵。

當然，你越是為建立「個人網絡效應」打造響亮名聲，就會有更多人來請你協助，而且你對公司的價值也會在以下方面倍數成長：（一）你願意公開分享自己的「人脈」和「知識」；（二）你絕不聲張而且不被視為強敵；（三）你很可靠、有同理心；（四）你經常提出問題以便提供實質的洞察力；（五）你有綜合「要點思考」的能力，以協助資淺同事理解自己真正應該尋找的方向。

要是你這麼做了，請做好心理準備，迎接有如漲潮般一擁而上的要求。這可能意味著，某些時候你必須築起邊界或打造過濾系統，以便決定能否協助上門的對象。我還沒有走到這一步，因為我深刻體會身為內部連結人的價值。要是你已經走到這一步，我將在本章最後部分提供一些建議，以利你擴大、編輯顧問內涵。即使你的影響力範圍純粹僅限於自家部門內部，這也顯示，服務他人的主動性會建立起你在組織內的名聲與重要性。

∵密友：結合機密與信心

美式英語對密友（confidant）的正式定義是「一個與他人分享秘密或私人情事的對象，並信任對方不會到處放送」。但正如我從Airbnb同事麗莎・杜伯斯特學會拼成「confident」的法文語意，也可以指「一個激發你心中自信的人」。英文與法文拼法都源自拉丁文的「confidens」。隨著時日一久，我開始理解，這股同時保持信心也激勵自我的力量難以估量；既有耳無舌，又「充分放手」，也就是指我賦予Airbnb年輕同事真正「大膽一試」的能耐、勇氣和認同。這種領導的神奇力量，成為讓我對生命充滿希望的靈丹妙藥。結合智慧與青春之泉創造某種程度的親密感、洞察力和覺察力，對我來說確實是前所未有的感受。當我向一名以色列朋友解釋這件事時，他笑說我就是常見的「大好人」。

無論你想怎麼稱呼它，這款靈丹妙藥就是讓我從更深入、有意義的層面，為年輕同事提供諮詢服務。與比爾．坎貝爾也維繫這種關係的風險投資家本．霍羅維茲，把它形容得恰到好處。當比爾去世時，他在自己的部落格這麼寫：「每當我感到人生困頓時，比爾就是我會打電話求助的對象。我打電話給他，不是因為他能針對匪夷所思的問題提供答案，而是他可以百分之百理解我的感受——他懂我。」長者盡全力關注旗下門徒的本質與行為，也關注「存在」和「行動」；長者盡全力協助人們尋得自身的喜悅，也協助他們找到下一份工作。真正的長者協助年輕人更嚴肅思考自己的人生職涯，而非當前日常工作的直面挑戰，這是因為長者知道，做整套才重要且持久。

然而，即使長者似乎扮演一個極似聖人的角色，仍必須勉力發揮自身具有催化作用的好奇心。Google 的強納森．羅森柏格告訴我，比爾．坎貝爾一向這樣描述傲慢與年齡呈負相關：「他（比爾）喜歡在某人重摔一跤後成為他的導師，因為屆時他們就夠謙卑願意學習了。」

身為密友意味著，在兩人神智清明的當下找出適合教導的時刻，然後保有開放的初學者心態，催化年輕人的提問精神。想想科幻電影《星際大戰》裡的路克．天行者和他的啟蒙導師歐比王．肯諾比。

五十二歲的路德．北畑（Luther Kitahata）就是矽谷版的歐比王．肯諾比之一，他的職涯堪稱第三章所提的流動、多階段人生佳例，因為他的軌跡不是一條直線，而是一連串的循環：第一份差事是軟體工程師，接著是創業家，再來是高階主管，最後則是明智的領導教練。他在三十歲前後共同創辦過幾家公司，隨後參與打造堪稱數位錄放影機先驅 TiVo 的成立團隊。他以工程部門副總裁之姿領軍各項重大工程共八年，然後求去，離職十年內創辦、發展其他新事業，其中一家後來還被 TiVo 收購。現在他再次躋身這家公司的高階主管團隊，帶領研發下一世代的服務，也就是達成公司要求重新改造 TiVo 服務的目標，以便因應快速變化的競爭環境，並且更妥適整合數位錄放影機以外的許多產品。

二〇一七年五月，我在合力促成智慧型領袖（Wise Leader）靜修會時認識路德，對這名五十多歲工程部門領導人的強健韌性印象深刻。不過我更感興趣之處，在於路德的冷靜和沉思舉止，總讓我聯想到禪宗和尚。進一步探索後，我發現他是一位科學家兼哲學家，年輕時就不斷提出宏大的問題，二十多歲就開始發展個人事業。當他一邊精進工程技術，以便和科技界與時俱進，他同時也學習超過六種往後可融入教練生涯的情態。四十多歲時，路德就已經獲得專業教練認證（Professional Coach Certification），進而兼備正式受訓的教練與經驗豐富的營運主管，讓他可以設身處地為客戶著想。

路德告訴我：「我知道我所追求的執行領導力教練生涯，可以將兩個世界合而為一：擔綱高階主管及科技業領導人的經驗，結合培訓個人發展與指導的熱情。我年紀漸長，但矽谷的人才年齡層漸低。我有幸能繼續打造成功的高科技職涯，不過我也看到我的智慧所累積的經驗才是我的天命。我已經找到我的斜槓樂齡族利基點。」

於是五十二歲的路德繼續自我改造，讓他更順利推動 TiVo 的產品發明新做法，也更穩當引導公司進化必需的文化創新。有趣的是，他重塑 TiVo 的手法，是建立互信、強化關係、精進技術，三者並進。路德知道，變革意味著未知領域，可能充滿艱辛，對一家依照矽谷標準顯然已經有點老派的企業來說格外如此；他也知道 TiVo 正處於關鍵轉折點，他對公司的價值遠不僅是協助打造工程創新。於是他與人資主管商量，提出一對一與團隊培訓計畫，以便協助促進個人與團隊的變革。

從各種層面來看，路德都是一位紮紮實實的斜槓樂齡族，於公、於私都持續自我進化。他的好奇心能發揮催化作用，還會抱持初學者心態聚焦學習，確保自己的培訓與工程技能跟得上時代。他成為一名善用ＥＱ技巧的協作專家，如今，隨著 TiVo 進入新時代，他也利用自己的能力提供明智建言，激勵他人攀登新高峰、再造自我。

他以這句簡單說明總結自己的改變手法：「我們實作的結果就代表我們個人，而且我們天天都在實作。因此，為了做出改變，我們就得實作截然不同的新事物。」這句話是受到亞里斯多德的名言啟發：「我們的重複行為造就我們。所以，卓越不是一種行為，而是一種習慣。」

當老師準備好，學生自然就出現

隨著權力越來越快速下放到年輕人手中，我們得打造路德．北畑風格的團隊，讓年輕領導人面臨「在更高速的環境中快速做出策略決策」時，為他們提供明智建言。

前一段引號內的文字，摘自約莫三十年前創下里程碑意義的研究報告標題，史丹佛大學教授凱薩琳．艾森哈特（Kathleen Eisenhardt）發現，許多科技業領導人在高壓環境中會難以做決定。雖然團隊希望由領導人拍板定案，但後者往往因為數據模糊不清、缺乏洞察力而無法下定論。但艾森哈特也發現，成功避開這種困境的企業往往具備一個共同點：有一位經驗豐富的密友，讓領導人可以試探性提出意見以供參考；一位值得信賴的顧問，具備足夠在不確定時刻協助「傳遞信心和穩定感受」的智慧，並擁有不帶特定立場的公正雙眼，能夠找出盲點。在瞬息萬變的競爭環境中，決策速度會左右公司業績，也是強力領導的組織與相反類型的差別，即執行長或創辦人缺乏決斷力，結果衍生混亂和困惑。它也可能意味著，年輕的領導人多半輕率、衝動，若能與這位值得信賴的顧問討論他們手上的選擇，或許能學會在決策過程中更加考慮周到、謹慎為之。

但年輕人真心想要這類指導嗎？二〇一一年，音樂電視頻道（MTV）完成一項調查，發現七五％千禧世代想要有一位導師，六一％受訪者表示需要「老闆制定具體方向以便盡力完成工作」，據觀察，這個數據是嬰兒潮世代的兩倍。另一項研究發現，最需要導師的年齡人口介於三十一歲到四十歲，恰恰與上一章討論的「黯淡歲月」不謀而合，這段年紀的年輕經理人未經正式指導就得領軍演出。因此，儘管刻板印象暗示年輕人想用自己的方式做事，但他們仍真心渴望獲得指導。

不過，諮詢顧問商麥肯錫長期合夥人藍尼・門多薩（Lenny Mendonca）同時任教於史丹佛商業研究所（Stanford Graduate School of Business），包括他在內的斜槓樂齡族雖然自覺有責任扮演密友「回報」年輕一輩，卻驚訝地發現，鮮少年輕人要求他們提供非正式建議。或許我們這些長者應該要像漫畫中的露西那樣亮出「忠告」小立牌，也可能我們應該示弱、提出善解人意的問題、直白敘述，而非強下指導棋，並證實自己的忠誠度、承諾保密，這樣才能贏得年輕同事的信任。

在本章最後的樂齡族實踐守則部分，我們會更聚焦在建立信任的方式、如何釐清自己身為輔導員的角色，以及妥善規劃不讓建言會議耗盡你的所有時間。隨著我接觸越來越多的Airbnb員工，便需要自問自答以下問題：「我怎樣才能最適切地服務這個人？」、「這是一個持續不輟的諮詢角色嗎？」以及「我們會更聚焦他們工作表現的特定領域還是整體專業發展？」由於我這個輔導員角色完全是非正式，且是出於自願，因此可以一邊最優化我的諮詢內容以便服務年輕同事，同時也更有意識地管理有限時間。

但有時候，長者的角色會壓倒性勝過其他工作，尤其在那些你把輔導員的工作做對了，看見自己真正的價值那一刻。舉例來說，我第一次見到 Airbnb 的共同創辦人喬・傑比亞時就知道，他是這家公司靈魂的重要部分。事實上，當初就是喬靈機一動，說服羅德島設計學院（Rhode Island School of Design）的同學布萊恩去舊金山追求創業生活，之後又把備用氣墊床擺到客廳地板。在當地舉辦的設計大會期間，飯店房間早已預訂一空，這兩名抱負滿滿卻口袋空空的創業家將氣墊床全數租出去，賺取現金貼補房租。這就是二〇〇七年 Airbnb 的孵化過程。

二〇一三年，我第一次應喬的要求，花時間和他共事。顯然他除了是始終站在下一道偉大創意邊緣的設計天才，也是真心珍視坦誠反饋的領導人。我們共進晚餐、出門健行與一連串深入的隨意對話，喬和我找到了共事的節奏，沒多久後，我就清楚看見自己將他成為終身的密友與朋友。畢竟「導師」這個字眼源自古希臘，意味著提供一些「持久」的事物。感覺上，我與喬機緣湊巧的關係就是這麼來的。

隨著 Airbnb 業績大爆發，我協助喬了解企業可度量與不可度量層面之間的關係。我們充分探討對員工「說真話」的重要性，以及如何建立一種文化，可以連結員工、房東與房客的更高需求。喬似乎深受我的書《巔峰》所傳達的訊息吸引，亦即達到顛峰的企業會打造一處良好棲地，讓員工深受公司的使命感激勵，同時也理解自己的日常影響足以支持這項使命。喬整理好相關的想法，並取得我的全力支持，在史上第一場全體員工會議發表我這輩子聽過最開誠布公的演說。後來喬坦承，他指望我就像個斜槓樂齡族一樣，發揮多年經營大型集團的經驗，並結合發自內心的領導風格與公司文化的第六感。

全拜斜槓樂齡族的龐大網絡所賜，他們也能扮演媒合角色，促進足以產生真正創新的代際合作。舉例來說，試想一下，八十歲的知名外科醫生、發明家和葡萄酒商湯瑪士・福格蒂（Thomas Fogarty），如何將四十八歲的執行長、同時也是數家健康產業初創企業老手安・莫里西（Anne Morrissey），引薦給雄心勃勃的二十四歲年輕創業家潔西・貝克（Jessie Becker），好促成安能夠帶領潔西前途無量的醫療設備初創公司因佩斯科技（InPress Technologies）進入未來。

近十年來，風險創投業者越來越傾向讓創辦人盡可能長期擔綱企業領導人，因為創辦人領導的公司往往更具創新性，感受競爭性市場的本能更強，而且具備做出艱難抉擇的道德權威。在臉書、閃聊與優步等許多案例中，這種作法代表相較於傳統公司的領導人，這些創辦人擁有空前未有的投票權。但是，經驗不足的企業家大權在握，卻可能導致危險情景，因此我們當然可以考慮將創辦人與能夠協助年輕領導人成長的賢哲顧問配對。

很難衡量名副其實的斜槓樂齡族有多大影響，但成效顯然無關他們可以在一個小時內獨自寫出多少小程式。在某些情況下，影響力可能是指他們如何協助創造一塊棲地，讓他人從事一生中最棒的工作。像我就是以備受信賴的內部顧問身分，協助確保我們在瘋狂發展的過程中，不會失去潛力雄厚的管理人才。

喬、布萊恩與奈森這三名才華洋溢的共同創辦人不只是帶領公司驚人成長，更是在開創歷史性的志業。鮮少規模與 Airbnb 相當的企業，當創辦三人組各司其職時，還能十年如一日般和諧。身為產業破壞王將承受所有讓人分心的事物與壓力，很可能也會破壞內部關係，他們能做到這一點絕對不簡單。就許多方面來說，Airbnb 壯大成為一家更聰明的公司，也因此變得更好，這意味著我們不單單關注財務業績，也在乎自己對所在社區的長遠影響，因此我們調整政策和計畫以便形成一股正面力量。再者，由於共同創辦人比其他大多數公司更不愛搶鏡頭，這家一夕之間就成為全球最有價值飯店企業的員工得以專注實現它的使命，亦即協助我們的客戶「賓至如歸」。

你不需要扮演資深角色或戴上頭銜，才能掛個「提供忠告」立牌。請回想第四章，保羅．

克奇洛即使掛名實習生，依舊可以扮演密友與圖書館員角色。雖然我們或許會擔心年齡越大，老態越明顯，不過智慧亦如此，特別是當我們不想「張揚」的時候。《道德經》作者是中國哲學家老子，他曾寫：「……是以聖人抱一為天下式。不自見，故明；不自是，固彰；不自伐，故有功；不自矜，故長。夫唯不爭，故天下莫能與之爭……」

精神矍鑠、身體安康，而且對社會負責的斜槓樂齡族為年輕人創造空間，提供明智建言加速他們的學習時，就會感覺有生產力。法國神父德日進（Pierre Teilhard de Chardin）曾寫：「未來屬於賦予下一代值得期盼的理由的那些人。」

∵提供建言的樂齡族實踐守則

一、辨明自己身為諮詢者的特定角色

當你有機會提供諮詢時，請自問：「我該如何為這個人提供最好的服務？」對方的詢問越是績效導向，好比「我達不到銷售目標，該如何改變做法」，需要你參與討論的時間可能就越少。但是，以發展為導向的詢問，諸如「我如何建立高ＥＱ，以便和我的所有直接下屬

建立更良好的關係」，可能就足以聊很久。所以，你需要確定你是否具備技能和時間展開這種關係。

另一種檢視法，就是自問：「我主要是在傳達以業績為導向的知識，還是促進以發展為導向的意識？」如果你不覺得自己擁有所需的技能或時間，組織裡是否還有其他資源可以協助這名年輕員工？這名同儕的直屬老闆是否有能力提供這種諮詢服務？人資團隊幫得上忙嗎？是否有類似「三百六十度反饋格式」這種內部績效管理系統？有內部或外部教練嗎？公司裡是否有另一位長者比你更適合？你能否和這個人單獨會面，然後留下一個讓他們可以協助自我指導的問題？

二、學習提供諮詢的最佳實例

如果你很認真看待提供職場忠告這件事，其實有很多不同的做法可以考慮。我是教練學院（Coaches Training Institute）的鐵粉，所以會建議你參考這個網站：www.coactive.com。你也看到「存在感」是一種我認為足以體現斜槓樂齡族的特質，有一些課程特別著墨存在感、體現領導力：培訓領導力的史楚齊研究所（Strozzi Institute，www.strozziinstitute.com）和領導力體現班（Leadership Embodiment；www.leadershipembodiment.com）。

就我所見，以下是我的工具箱裡已經證實的技巧：

- 聽故事、為聽故事而聽，並提防預判。提出有助你理解表面之外帶有同理作用的問題；同時請留意聽起來很像或話鋒轉向治療師的領域。如果這是別人希望你扮演的角色，而且你也覺得很自在，那就繼續無妨，但是請記得，你也可以推薦對方尋求專業協助或其他資源；最重要的是，請洗耳恭聽以表示你在乎。好顧問會直白敘述而非強下指導棋，而且小心翼翼地使用「應該」或「不應該」這些字眼。
- 假設感覺對了，請主動透露一些自己的過往，以便幫助對方理解他們不是唯一感覺不好過的人，不過請別讓你的故事主導他們的故事。稍微顯露脆弱無妨，但也請幫助他們看到你是如何解決這個問題，進而提供他們這種智慧。
- 在你因個別對象採取不同應對方式時，請考慮這段進行中的導生關係生命週期。在《從老者到智者》（From Age-ing to Sage-ing）這本書中，作者札爾曼．莎克特．薩羅米（Zalman Schachter-Shalomi）、羅納德．S．米勒（Ronald S. Miller）建議五大典型階段：（一）雙方對話尚未提到導師關係之前，請在你們都覺得相談合意的時候來一段隨意、非正式的介紹；（二）當你第一次檢視這種關係是否具有雙方都在尋找的深度和彈性時就是進入「褪換」期，這時就是釐清雙方的意圖或目標的好時機；（三）信任感隨著對方自我揭露更多而加深；（四）隨著導師在一場會面中開口說話的時間變多，可能比雙方開始接觸時多一倍，智慧傳遞就會變得更明顯；（五）當雙方都感覺到這段關係時代已經結束，就是到了畢業關卡。最後這個階段一旦發生，請表現出明確態度，因為有許多素有成效的導師關係最後會搞砸，就出在其中一方沒有明確表示他們已準備好結束的事實。這一點很重要。

● 證明你的忠誠度，首要之務就是明確承諾保密。導師關係的可行方向之一是職業建言，但有點棘手，因為導生會焦慮地表現出可能或正在考慮其他公司的職缺邀約。如果這名導生恰好是特別珍貴的貢獻者或領導人，你很難守口如瓶。不過你只需知道，當你越盡力採用讓這名導生開心的做法釐清對方的問題，組織就可能越長久。當然，如果你的導生告訴你一些可能對公司構成存在威脅，或是涉及嚴重的法律或道德爭議的事情，你可能需要另外找人商量。

三、找方法——排列你的忠告會議

就像流浪貓有一天願意為了盛在淺碟的牛奶回頭，你可能會發現，當你掛出圖書館員與密友的小立牌，許多資淺同事都會被你磁吸過來。當你開始發現，各方要求你撥冗分享智慧的需求超出工作行事曆所能負荷時，你有幾個選擇：

- 和老闆商量，把你的導師角色形式化，好讓它成為你工作的一部分，而不是下班後的額外加班工作。正如我將在第九章概述，現在是敦促更多企業考慮借鏡 Google 模式，即容許工程師花費二〇%工作時間專注開發獨立的公司服務創新計畫的時刻，看看是否可以應用在實力顯然比年輕人高強好幾倍的長者身上。當然，這便意味著你得減少其他工作的範圍達二〇%，除非你不介意在現有的一〇〇%工作量再多加二〇%。
- 指定一些資淺長者代理人。如果你已經建立一些看得見成效的師生關係，其中或許幾名導生會有興趣和能力成為非正式的導師。一旦有新導生來找你，告訴他們資淺長者或許比你有時間，而且也已掌握你可能提供的許多技能。
- 詢問人資部門是否願意贊助「速配指導」學程，讓未來的導師依據自己能夠掌握並指導的不同主題，藉此機會認識導生。

- 把你的導師時間變成課程。長期擔任 eBay 高階主管的麥克·狄令（Michael Dearing）曾是史丹佛大學工學院（Stanford School of Engineering）教授，也是專門投資初創企業的創投商哈里森金屬（Harrison Metal）創辦人。他發現，每次他與導生會面，這些年輕人苦惱的問題往往反映他過往的經歷，記憶的閘門會因此敞開。有鑑於他對導生講的話經常大同小異，他乾脆在哈里森金屬內部創辦一所學校，主要聚焦三十至四十歲的一般主管類課程；為期十二小時的課程中，會發放守則、指導原則和領導工具套件。麥克在商界功成名就，他相信這堂課將是他身為斜槓樂齡族送給晚輩最棒的遺產。

恭喜，你已經消化完斜槓樂齡族四門課，我相信我們已經加速你邁向智慧之路。現在讓我們往下翻到和個人息息相關的第八章，我們將交融所有課程，好讓你應用在職涯的第二、第三或第四場行動時如虎添翼。

第 8 章

要勇進，不要勇退

「我六歲那一年起就狂熱地描繪實物，到五十歲已經發表過無數圖紙，但七十歲以前的產物都不值一顧。直到七十三歲，我才似乎開始參透真實自然的結構……到了八十歲，我應該還會繼續進步；再過十年，希望能夠深入直探萬事萬物的奧秘；滿百歲時，我應該已經到達出神入化之境；若有幸再修行十年，我的一筆一畫應該都會栩栩如生地反映生命本質。我想拜請所有和我一樣長壽之人見證我是否說到做到。」

——十九世紀日本浮世繪大師葛飾北齋

∴「如果你僅存一息，這還稱得上是活著嗎？」

二〇〇二年，網路泡沫化後沒多久，多年知交文妲（Vanda）對我提出上述這道充滿挑釁意味的問題，原句擷自詩人瑪莉．奧利佛（Mary Oliver）的作品。二十一世紀的第一個十年，就爆發了兩場「一生僅見一次」的經濟衰退，而第一場大衰退就重挫我的飯店事業，財務狀況幾乎奄奄一息。從那以後，我一直像個水上芭蕾菜鳥般屏息過活。六年後，我幾近真的停止呼吸——當時我帶著扭傷的腳踝、化膿的腿，再加上一些劣質抗生素和舟車勞頓太操勞，某天發表一場演講後就直接在舞台上癱平。幾分鐘後我甦醒了，這才發現對我來說，執行長的英文縮寫CEO已經變成再也撐不過（Can't Endure One）另一場經濟衰退。這就是短短幾分鐘就改變人生的重要自我意識。

接下來兩年內，我為一連串中年朋友自殺而哀悼，他們不知道這段處於幸福感U型曲線谷底的感覺，會在五十歲左右逐步好轉。那是我決定要再次開始呼吸的時刻。我幾乎改變生活中的每一件事：賣掉我自以為會做到老死的公司，與共度八年時光的人生伴侶分道揚鑣，然後展開我在本書分享的重生之旅。

有些人會覺得五十歲可能聽起來很老，但如果你這一生會活到一百歲，算起來你進入成人期也還不到全程的四〇％。與其想著退休或緬懷過往，不如學學日本浮世繪大師北齋，他在七十五歲時創作百幅富士山版畫，即使過了兩百年，至今仍讓藝術愛好者驚嘆不已。儘管北齋年事已高，他仍堅信這一生最上乘的作品，還在前方等著他創作，這股信念催動他挺身前進。這位藝術家的傑作不僅以廣泛的動態觀點來欣賞日本這座最知名高峰，我們更可視為採取各種視角思考中年人生的比喻。

對某些人來說，二十五年的經驗僅是單一年次複製二十五遍；其他人卻相信，每一天都像是新生，再次採取全新視角看世界。每一天你都利用日積月累的經驗、事過境遷後培養成的敏銳，讓自己朝大師地位更進一步；每一天你都珍惜「瘋狂、珍貴的短暫人生」，然後寫出人生新頁。

精熟自我更新的精妙之道

你在什麼時候攀抵職涯「高峰」？或者你正朝目標前進中？在我們職涯的某個時刻，無論是五十歲或七十歲，都將面臨看起來像死胡同的關鍵十字路口——或許是我們慘遭裁員、遭逢健康危機，要不就是徒生江郎才盡之感。我們其實有選擇：要勇進，還是要勇退？不是每個人都能領悟這是一種選擇，有些人相信，到某個年齡，退休已成定局。不過以前大家也都相信，人生到某個年紀就是盡頭已是既定事實，但現在醫學將這個盡頭再往後展延十至二十年。現代醫學可重塑，斜槓樂齡族也可以。

本書行文至此，大都聚焦如何重新改造自己，以便維持在當前工作或職涯道路上的重要性和價值。不過，這一章探討的主題稍有不同：當我們發現自己站在關鍵十字路口，已經無法迴避退休議題，該怎麼辦？你將學會，如何確認自己精熟的本事，換個全新的處女地重新來過，以期多年後某一天開花結果。

青少年會就讀各式各樣的預備功課，好讓他們能夠不費力氣地過渡到全新的成人期：學校教育、童子軍活動、運動團隊、美姿美儀學校（現在不知變成什麼樣了?!）、學術評估測驗（SAT）與智商測驗、職業諮詢以及許多的監護指導；反觀我們走到即將邁進老年的十字路口時，卻沒有太多資源協助我們好好轉骨當老人。這就是為什麼我希望你將本章當作路線圖——或者，也許我們應該稱它為藍圖。正如作家瑪莉・凱薩琳・貝特森（Mary Catherine Bateson）曾舉過激勵人心的隱喻，我們職涯新增的年歲數字，就好比我們在原有屋舍裡新闢房間。

她這麼寫：「你在屋舍裡加蓋房間，將會改變你使用其他所有房間的方式。職涯中期的自我更新，可能是更戲劇性的變化，因為你不是在屋舍後方加蓋新房，而是打掉屋牆，在中心點建立一處中庭。這個新據點洋溢空氣與陽光，代表反思敞開所有房間大門的機會。」換句話說，你比父母或祖父母輩多活的這些年，不必然意味著十年後你就該向人世道別；反之，上述的中庭其實是象徵你的中年時期額外多出十年。本章提供你一張打造這座中庭的建築藍圖，也連帶提供各種選擇，讓你參考如何善用這段額外的中年時光。

為何還要勇進？

我們的第一步是要解決房間裡那頭龐大的高齡大象：退休。這個字眼源於中古世紀的法語，意指「離群索居」。有些人活到五、六十歲，就想逃出複雜世界、找個避難處，或許這是他們的完美道路，但是對許多人來說，這個純粹的概念反倒是把恐懼灌入他們心中。特別是，如果在正式退休前還要面對面緊盯著大象，空下來的時間與沉靜反思的機會感覺上就不是和平的避難所，反而更像是被迫引渡或暴力出逃。所幸，我們還有其他選項，而且選擇勇進的原因多於勇退。

首先，勇進有益你的大腦和身體。事實上，對身強力壯的受薪階級來說，即使只提早一年退休，實際上也可能提高死亡率。正如資料科學家克里斯．法洛（Chris Farrell）在《紐約時報》撰文：「研究健康與『活到老、做到老』相關性的學者說：工作提供規律和目的性，它是你一早就得起床的理由。職場就是一處社會環境、一個社群；依工作性質，去工作代表著要和辦公室同事、老闆、下屬，稱兄道弟的工會成員、供貨商，供應商及客戶打交道。對員工來說，受雇企業期間維繫自己身體健康的誘因很強烈。」

所以五十歲以上的族群中，七〇％表示退休後仍想繼續兼職也就不足為奇了。許多人在當地社區中心或大學修課、自學外語、投身於某種嗜好，或是三項全試。上述種種方式，都讓你退休後免於不動腦。

勇進而非勇退也有實際的財務理由。正如葛瑞騰與史考特在《一百歲的人生戰略》所述，試想自己可能活到一百歲，若想在退休後保持五〇％的所得替代率，就得有計畫地把一〇％年收入存起來。我們多數人每年都只能存大約五％，但就算我們可以努力存一成，幾歲才能退休？大概也是八十好幾吧。真是要命！所以說呢，當我們的壽命已經延長到三位數時，在六十歲、六十五歲甚至七十歲退休都毫無意義了。

再者，你等到退休後才領用社會安全福利的時間越長，好處就越多。舉例來說，如果你等到七十歲才退休，而非六十二歲，每月福利津貼就會超過七六％。假設你期望自己會很長壽，還要能好手好腳活那麼久，就有必要再多工作幾年，這樣才能好整以暇地等著領用社會安全福利。你可以在〈附錄〉「我的各種十大最愛清單」之下的「網路智慧」部分讀到更多資訊。

退休曾經是一道從全職工作轉成非在職，簡單、恆久的過渡，而且選擇有限。但是，如今它更像是一道過程，可能幾年內就發生在幾個階段中。就像選擇退休的族群擁有更多選擇，決定勇進的人其實也擁有更多機會。事實上，越來越多證據顯示，五十歲以上的族群會完全改變產業或職業類別。六十二歲時仍在職的美國人中，有四〇％在五十五歲以後就已轉換全新跑道，他們選擇為新工作打拚的時間，比職涯後半段留在原產業或原職別的族群還要長。

你得在中年時建立全新實力與期待才能實現這種轉換。舉例來說，多數年紀稍長才轉換職涯跑道的員工，願意在重起爐灶時接受降低薪資的條件，科技業尤其如此，因為這一行的薪資高峰多半落在四十五歲。對某些人來說，調降薪資和職級所帶來的心理打擊可能就像難以下嚥的苦藥，但對許多中年員工來說，調降薪資的重要性可能不如某些雇主或職業所提供的彈性工時，讓他們可以兼差或享受更多休假。對越來越多介於五十多歲至六十多歲的族群來說，諮詢顧問、自由作家或零工經濟也是可行選項，這些類型的工作現在高占美國勞動力四〇％，二〇〇五年則為三一％。

對我們這些選擇勇進而非勇退的族群來說，創業、教學、輔導、為非營利組織服務，都只是眾多普遍選項的幾個範例。現在就讓我們仔細看看，我們該如何更新和重塑技能，以便找到那段充實的「安可」職涯並做得有聲有色。

:· 做自己命運的主人

或許，我只是說或許，你開始相信到了中年你便可以隨心所欲，或是擁有一處滿溢著空氣與陽光的中庭？你擁有的選擇遠多於自己的想像，因為你已經學會精熟用於學習新事物的技巧。

路易斯．岡薩雷斯（Luis Gonzalez）是一名博覽商業領導力相關書籍的讀者，讓他得以在企業界大展拳腳。但是四十歲出頭時，他才恍然大悟，年少時代幻想與火焰搏鬥的大夢正在心中熾烈燃燒。路易斯是成功的客戶服務公司印電（InkTel）營運長，下轄一千多名員工，事業蒸蒸日上，和賢內助一起養育四名兒女。不過，隨著他們越來越接近「空巢期」，路易斯想起自己曾在我們共同視為標竿人物的藍迪·高米沙著作中看到的內容。高米沙這麼寫：「所有風險中最危險的一項，就是花費一生做自己不想做的事情，還一邊空想著自己以後有空才會做的事情。」路易斯小時候夢想進入消防服務業工作，但商業世界卻帶領他走往另一個方向。他依舊渴望協助他人，所以他積極加入紅十字會提供志工服務，在颶風侵襲後的佛羅里達州南部重建期提供援助。

考慮到他必須放棄財務安全，加上消防工作伴隨而來的職業風險，離開成功職涯、轉去追求兒時夢想，便成為艱難決定；此外，他已經四十四歲，打火兄弟的年紀卻都比他的長子還小。於是他繼續留在印電服務，同時花費兩年接受各種培訓，包括在急診救護技術員學校、消防學院、急救護理學校等處上課，然後在當地消防局當週末志工。

他整整接受兩年培訓，如今任何南佛羅里達州消防局都可以雇用他，但他依舊是志工。印電的業績持續暢旺，路易斯卻益發空虛不滿。一天晚上，他和家人外出共進晚餐，突發的緊急工作通知要求他離開餐廳，當下他就說：「以後這種事再也不會發生了。」他終於決定要讓自己受過的嚴格訓練、學習和練習全派上用場。他申請加入西棕櫚灘市的消防部門，經過一長串招聘審核過程後獲用，正式成為當地有史以來年紀最大的打火兄弟。

在消防服務這個大環境裡，新手都會閉上嘴巴、謹守分際。雖然路易斯比隊長和組長還年長，卻能為局裡帶來不同視角。由於他專精的部分領域是商業世界的領導智慧，已被證明是許多同事的導師，結果是他的同事和官員經常尋求他的意見和見解。路易斯並非為了磨練領導才能而去當消防員，但正如技能工具箱總是與我們如影隨形，他的同事都成了受益者。對路易斯來說，心靈平靜與享受人生的自由遠勝於財務收穫，成年後學到的技能正為他實現童年的夢想。

正如你將在本章讀到我所介紹的許多案例研究顯示，人們心中常存的天命往往在過去就顯示出徵兆，而我們日積月累的人生經驗，則隱隱透露自己的天賦落在哪個領域。就我來說，童年與成年後創辦飯店的職業讓我領悟，我表現出善於想像客戶心中不甚顯著的需求，也懂得打造凝聚力強大的團隊，還能像個煉金師一樣娛樂大眾，同時延展內部和外部觸角磨練自身的直覺。在漫長的職涯中，我們經常視而不見自己獨樹一格的天賦，事實上你早已掌握箇中技巧。

本章也將協助你了解，自己其實可以重新掌握精熟技巧，找出未曾想像過的新機會，或許也會找到全然陌生的新去處。我身為盡忠職守的作家及「圖書館員」，會建議你也閱讀刊於二〇一七年七月《紐約時報》的文章〈轉換跑道未必難如登天：描繪與當前工作類似的職缺〉（Switching Careers Doesn't Have to Be Hard: Charting Jobs That Are Similar to Yours），我把它收藏在〈附錄〉〈我的各種十大最愛清單〉之下的〈文章〉部分。這篇深具洞察力的文章附帶圖表和自動化的職業諮詢，可以告訴你哪些類型的工作與你目前正在做的工作最相似、最不同，並協助你了解哪些棲地可能最適合你。

既然你已經培養出明確掌握精熟技巧的能力，現在我們就讓成功應用前面四章學到的經驗，也就是持續進化、學習、協作並提供建言的斜槓樂齡族現身說法，他們勇進成功，在改變的職涯中技能還繼續茁壯成長。

持續進化你的技能

潘・雪曼（Pam Sherman）的父母分別是婦產科醫師和精神分析學家，對家中么女抱有高度期待，當潘從法學院畢業後，加入華盛頓特區一家著名的律師事務所時，雙親高興得像是自己贏了美式足球超級盃（Super Bowl）冠軍。先別管潘的青春夢其實是想當個演員了。潘在律師這一行埋頭苦幹，直到有一天律師事務所無預警決定歇業。潘又羞愧又害怕，甚至半夜匐在地板上嚎啕大哭。

一旦最初的衝擊消失，潘決定不再視公司歇業為職涯死刑，反而看成她應該重新與童年夢想連線的跡象。她領走失業保險金和一些積蓄，赴紐約與牛津學習表演，很快就成為成功的全職演員。

這都是發生在她的丈夫將生意搬到紐約州羅徹斯特市（Rochester）之前的事，之後她只得重新再來一遍。她為自己的人生第三次演出轉型，先是成為甘奈特（Gannett）媒體公司的記者，自創專欄名稱為「郊區的不法之徒」（The Suburban Outlaw）；律師事務所伍茲·歐維亞特·吉爾曼（Woods Oviatt Gilman）也有一名合夥人請教她，能否協助律師「做好分內工作：你知道如何好好和他人講話、找出他們的故事，還要讓他們感到自在」。潘開始溫習自己為司法部開辦的律師表演課程（Acting for Lawyers），與律師事務所、行銷機構及《財星》五百大企業合作。她的實務課程業務急速成長，至今她正指引世界各地的領導人，協助他們發揮熱情、活力和參與感分享自己的使命和故事。若非她曾擔任過律師與演員，根本不可能實現上述成就。顯然，潘將她在法律這一行的經驗，與自己擅長娛樂、連結人群的能力相融合，應用在新事業中。

潘告訴我：「當時我根本不可能預見會走到今天這一步，但公司關門大吉，那個決定成為我這一生最好的遭遇，不僅以我無法想像的方式拓寬我的視野，也迫使我重塑自己的職涯，從律師、演員、作家到顧問。就我的身分將如何改變這點，我只是試著保持彈性與柔軟身段。我很喜歡換穿服裝，這種感覺有點像是玩打扮成大人的遊戲。」

二〇一八年初，她重返舞台擔綱個人秀，演出她的偶像爾瑪·邦貝克（Erma Bombeck），後者是一位美國幽默專欄作家與家庭主婦。

◎必須納入考量的問題

一、眼前有沒有趨勢或產業吸引你？要怎樣才能開始進一步探索？

二、你的童年時代有沒有什麼跡象暗喻，哪一條全新的職業道路可能對你有意義？

你的身分是否有任何一部分必須解放，以便進化出全新的你？

三、無論你選擇什麼職業道路，你的哪些精練技巧隨時都可以帶著走？

:· 重新種下好奇的種子

學習對雪莉・蘭辛（Sherry Lansing）來說再自然不過。七十三歲的她是史上最有權勢的電影大亨，也是第一位主要電影製片廠的女當家，但她起初是從學校教師、演員和電影監製做起，然後才坐上派拉蒙影業（Paramount Pictures）總裁大位十二年。雖說整體電影產業算是比較性別多元化，但直到雪莉出現之前，權力走廊清一色是男性的身影。或許這種結果源於她具備與眾不同的獨特視角，正如她所說，她的整段職涯經常在自己渾然不覺的情況下一路在輔導與被輔導中前進。她和我很像，熱愛自己投身的事業，直到她的天職終究成為一份工作，她就知道該是重燃好奇的時刻了。

她在五十五歲時展開內在進化的過程。她知道她即將轉型，因此開始做好準備。雪莉的事業成功，而且很具佛系心腸；她身為數學老師，卻對癌症研究特別感興趣，因為它奪走母親的生命。她說：「我還是很喜歡電影事業，但坐著聽完一場腳本會議，卻不再讓我感覺像學習終結癌症那樣有意思。」

因此，即使她還在派拉蒙工作，卻同時開始投身各種癌症相關的非營利組織。儘管她在日常工作中習慣成為會議室裡說話最大聲的人，但討論幹細胞研究時，她樂於當個「會議室裡最無知的人」。如今雪莉與相關領域中最聰明的科學家並肩而坐，世界因此變得更寬廣。她具備充分的自信，因此不怕顯露無知；她時時保持好奇，因此不怕只能偶爾貢獻價值，且完全樂於成為終身學習者。

她六十歲時決定離開派拉蒙，當時她已在非營利領導、聚焦癌症的慈善事業這座新花園厚植根基。她本身覺得這項轉變並不突兀，是自然而然的過渡，但許多好萊塢朋友都被她的決定嚇一跳。內在的進化發生時往往無人察覺，正如她在自傳《女當家》（Leading Lady）裡詳述：「幾十年來我都在為大亨與電影明星折衝、平衡預算與分析腳本，現在終於覺得自由了。這就像我卸下一層外皮，成為另一個全新的人。」

雪莉說：「你不用費力找到志業，它會自己找到你。」然後，你就從此成為專家，致力培育應運全新熱情而生的初學者心態。

◎必須納入考量的問題

一、想想看，全世界你最欣賞誰的智慧和精練技能。是找到根治癌症的科學家嗎？努力消滅種族屠殺的世界級領導人？普立茲獎獲獎作家？無論是誰，你希望他們能教會你的一件事是什麼事，你又將如何接手自主學習？

二、你如何在大步邁進新職涯之前，先默默開始學習？

三、是否有長者躋身人生勝利組的時間比預期晚，因而足以當成榜樣？你能否問對方，他們到了人生下半場如何學習，以便滿足自身的好奇心？

∴重新體現你的協作本能

婦女運動先驅貝蒂・傅瑞丹（Betty Friedan）的宣言之作《女性之秘》（The Feminine Mystique）被公認為一股具有催化作用的文學力量，五十年前引爆第二波女性主義和婦女運動的火苗。三十年後，她已七十二歲，寫下《美好的銀髮歲月：生命之泉》（The fountain of age），點燃一種相似的銀髮族覺醒之感；她還特別強調，人生到了下半場就會想發揮協作與貢獻社會的本質。你可以在〈附錄〉中「我的各種十大最愛清單」之下的「文章」所附連結讀到她的著作概要。

她這麼寫：「藝術家和科學家的『晚期風格』，往往傾向於超脫於騷動與不和諧、讓人分心的細節與看似不可調和的差異，以便統一原則，賦予過去事物全新意涵，並預示新世代的議程。因此在我看來，就個人而言是指所有人，就政治意義則是高齡社會，年齡可以解放我們並重獲完整性，因而得以為下一個世代預見晚年生活中各個面向重要或看似無足輕重的努力。」

舊金山的企業家班・戴維斯（Ben Davis）體現「人生下半場必須為社會提供協作力量」的真諦。二〇一〇年，班已經坐擁一份成功事業，他花了二十五年投身城市專案，並因此功成名就。就在他腦中新點子萌芽的同時，這家他一九九五年成立的創意服務機構WPI卻有搖搖欲墜之感。事實上，他那時全心放在加州公共道路的政府機構加州交通廳（Caltrans）這家特定客戶，以及一道富有遠見的點子——創造一幅橫跨舊金山海灣大橋（Bay Bridge）西側的生活環境藝術作品——讓他的小公司在財務面岌岌可危。班「在這個基礎建設計畫中看到上帝，也熱愛找出慶祝和榮耀祂的方式」，但上帝不會給他發薪水的錢。班深深著迷這樁沒有資金來源的計畫，代價是犧牲他的事業和個人財務。

他想像，邀請一位藝術家創作某處特定場域的燈光藝術裝置，有助於成千上萬名灣區居民不僅只擁有金門大橋，也能讓這個地區幾座受到冷落的橋樑再度得到他們關愛的眼光與尊重。從班茅塞頓開的那一天起，到二〇一三年三月海灣燈光（The Bay Lights）藝術裝置的盛大點燈儀式登場，總共才兩年半時間。不過在二〇一四年時，WPI已大難臨頭，幾乎快嚥下最後一口氣了。與此同時，班創辦了一家新的非營利組織照亮（Illuminate.org），旨在激勵人群團結，「發揮敬畏、自由人性的美好本質，打造不可能的公共藝術作品」。他無法賣掉他的公司，WPI為了金援這家新的非營利初創機構已經油盡燈枯。但班義無反顧，因為他發現自己滿溢光輝的「全新的完整性」。他告訴我：「當你五十歲時，身分會阻礙你前進。有時候你就是得放手過去，跟失敗打交道，笑看你生命中全新、熱情的部分。」

海灣燈光這個照明雕塑需要前所未有的大規模協作，幸好班已積累出一張無與倫比的人才網絡，足以號召各路人馬相助；此外，他有幸與世界知名的燈光藝術家李歐．維拉瑞爾（Leo Villareal）及一群實力堅強的英雄夢想家與實做家團隊合作。李歐將海灣大橋變成一大片燈幕的視覺效果，鼓舞了每個參與者。

一群企業名稱五花八門的熱心機構，為了共同追求這道願景團結起來，闢出一條本不存在的應許之路。在技術方面，越來越多人持續參與這項事業：工程師、電氣工人、ＬＥＤ專家、電腦程式設計師、建築經理、工安經理等；一路上，作家、攝影師、電影監製、律師、程式編碼員、平面設計師、保險經紀商、３Ｄ製造商、造型師以及其他人也都一擁而上接受挑戰。然後，有一大群灣區居民和藝術愛好者集結起來，在一年內捐贈超過八百萬美元，讓這幅龐大的藝術作品美夢成真。

最令班印象深刻的是全體社區的信任和慷慨，千真萬確就是成千上萬名居民不要求任何保證，無私地為這項願景掏錢。他說：「這是真正的魔法。我的角色是協助點燃一盞信仰燈塔，當作我們組織的原則，用以在政府機構、技術人員、捐助者和各有理由的反對者之間打造協作關係。這些人通常都會對大創意說『不』，但這道想法的完整性促成史詩般的協作實現。」

但這一切不只是一道點子。當班五十多歲時，過往看似迥然不同的經歷，幫助他打造協作本事，讓他可以調和鼎鼐這樁有如天險般的艱鉅任務；如果時間早個二十年，他可能早就功敗垂成。他的多元工作背景已經讓協作成為貫穿全體的共同連結，但是直到燈光第一次在海灣大橋上亮起，他才明白，這一刻自己這一生的履歷已臻完美無缺。年紀稍長反倒提供他勇氣、觀點與願景，協助引導他人重新回到以任務為中心的長遠觀點，而非聚焦短期障礙，終致淹沒海灣燈光這般雄心萬丈的公共計畫。

班相信：「當你全力以赴實現變革願景時，每個人的經驗就會讓他不由自主地自我變革。我們的生活、道路、自我感覺與周遭世界都會被我們共同完成的任務永遠改變。」

◎必須納入考量的問題

一、有沒有你所領導的協作並／或促成團結，以助各方同心協力產出成功結果的例子？

二、當你回顧就業史，自己的情緒商數技能是否發展到足以對共事的各種人才產生更深刻的直覺或洞察力？未來你如何採用新手段發揮這項天賦？

三、你是否對一套充滿熱情的專案抱有願景？它光芒四射、磁吸力強，足以創造有力的聯盟，並能拉攏立場互異的各方站在同一陣線？

∵教學、指導、提供建言

麥克．萊利（Mike Rielly）自覺這一生都奉獻給高爾夫球事業，這是他家族歷史的一部分。他二十三歲從史丹佛大學畢業後就加入體育代理商國際管理集團（IMG），開始職業高爾夫協會巡迴賽（PGA Tour）的球員生涯。接下來二十年他努力攀爬職涯階梯，直到晉升為掌管IMG全球高爾夫球場服務的資深副總裁，多數時間駐點亞洲，並協助推展阿諾．帕瑪（Arnold Palmer）、蓋瑞．普萊爾（Gary Player）、葛瑞格．諾曼（Greg Norman）、蘭希．蘿培茲（Nancy Lopez）與尼克．佛度（Nick Faldo）等知名球星的職業生涯。他幾乎是運動員的職業指導顧問，特別是走下競技舞台後的「封桿生活」。

然後他的世界天翻地覆了。IMG傳奇創辦人馬克．麥考梅克（Mark McCormack）去世，公司轉手到一家對業務具有截然不同觀點的投資集團手中。二十年來，麥克很幸運能以馬克為師，所以這個變化不啻是一大衝擊，迫使他思考其他的職業選擇。他選擇領取一筆豐厚的遣散費，以便爭取時間思考下一步。

但是他卸下職業身分、也丟掉IMG名片後才發現，自己似乎有點不堪一擊。他舉家遷回童年家鄉洛杉磯，卻只是每個月都越來越擔心遣散費快要花光了。他知道自己得找份新工作，但究竟要做什麼？然後他想起八年級時的願望是長大後要當老師，因此決定在舊金山大學（University of San Francisco）開課，教授體育業務發展課程。他體認到，自己頗有和年輕人打成一片的天分，而且他得再拿個高階學位，才能在頂尖商學院任教，於是他報名進入俄亥俄大學（Ohio University）領先業界的體育管理碩士班。他的年紀幾乎比同學高出一倍。

他畢業後就開始在柏克萊加利福尼亞大學哈斯商學院（UC Berkeley's Haas School of Business）任教。他喜歡和學生為伍，還發現自己擅長協助年輕人思考職涯，這其實和以前提供職業高爾夫球星的服務幾無二致；它們都是類似的種子，只是需要不同特性的沃土。他廣布體育界的「專業人脈」與業內行家才知道的「專業知識」，從大學與專業運動項目到體育代理工作等，在在意味著麥克能夠提供大學或碩士班學生球場上的前排座位門票，到搞懂體育這門生意。

最終，他從一名講師開始，至今已是柏克萊教育研究中心（UC Berkeley Executive Education）執行長。他說：「我身為體育經紀人，做的是招募、銷售，並為專業運動員提供服務的生意。現在我還是做同樣的事業，只不過換了一條全新跑道，是招募教師、兜售企業與個人加入我們的計畫，並為我們的教師及參與者提供服務。同時我也得做好傾聽的本分，試圖理解、滿足大家的獨特需求。我意識到，在ＩＭＧ服務專業運動員時所培養出『職業顧問』的技能，讓我在柏克萊也可以發揮得淋漓盡致。年輕人初出社會時，我以教師身分提供具影響力的建言，這是寓意深遠的任務，和我擔任執行長時影響資深主管的程度相去不遠。我猜想，我所精熟的技能就是一生志業的核心主旨，即提供職業導引，協助他人實現自身的潛力。」

許多斜槓樂齡族選擇重新訂定目標，以教師身分發揮自身經驗、智慧並分享精熟技能，這一點不足為奇。舉例來說，麗莎．珀爾（Lisa Pearl）成年後花費大半時間攻讀法律與博士學位。她有一道清晰願景，即進入社會非營利機構工作，因此努力圓夢。十三年來，她在華盛頓特區的猶太大屠殺紀念館（United States Holocaust Memorial Museum）服務，輪調不同的領導職務。在每一個職位上，她都能打造出高績效團隊、制定計畫、落實作業系統、領導變革，並歷練幾乎所有非營利組織管理的各個層面；她還傳授、指導幾十名員工和同事。她發現這份工作讓她感到充實，自覺很幸運可以和其他懷抱熱情的人共事。

但是她告訴我：「幾年前，我開始感到心態轉變了。我不確定那種感覺是不是人們談論的『中年危機』，但我就是對工作提不起勁，覺得失去人生方向。我著急時間所剩無幾，可是我還想發揮更多影響力。」

於是，麗莎決定成為一名經過認證的領導力教練，並協助他人充分發揮潛力，以便尋找自身的意義。就和許多斜槓樂齡族一樣，善用自己與生俱來的天賦提供明智建言，可以協助你感覺被需要、有意義，事實上你也確實有意義和被人需要。麗莎說：「要是二十年前你說我會成為領導教練，會笑掉我的大牙。我花了這麼多年念書、培養不同技能，並試著在這個世界上有所作為；到頭來，我最珍貴的技能竟然就深植於ＤＮＡ裡，是領導、輔導並激勵他人實現更多成就。這是我所能發揮最大影響力的領域。某方面來說，我就像回到原點，最終便停留在最初的起點。至今，我很幸運能活出真正的自己，這給我深深的滿足。」

◎必須納入考量的問題

一、別人是否會上門求教？為什麼他們會找上你？你的「獨門心法」是什麼？你會採用什麼全新做法培養這些技能？

二、記得上一章既是 TiVo 工程師也是教練的路德．北畑嗎？你能否在公司內部更有意識地提供輔導與諮詢，以便分享自身精熟的技能？

三、你能否善用自身的能力傳授他人並應用在全新的場域？哪幾門產業最吸引你？你又能在此貢獻什麼樣的知識與經驗？

重塑自己成為變革動力

你是斜槓樂齡族，已經學會如何精熟自己的技能，並準備好完成無縫、有益的轉換跑道之旅。在接下來的幾個小節裡，我將提供你一份選擇新職業的菜單。

我們將從你改變社區與世界開始。許多嬰兒潮世代和X世代前半段的族群都說，他們想要一份對個人具有更深刻意義、可以連結更偉大層面的工作。一項大都會基金會（MetLife Foundation）、公民企業（Civic Ventures）聯手完成的研究顯示，四十四歲至七十歲之間的美國人中，高達九百萬人已經置身所謂可以融合目標、熱情和薪資的「安可」職涯；另有三千一百萬人希望未來也能這麼做。

讓人備感鼓舞的是，許多雇主都加入這道行列，協助年長員工準備幾種可以著眼更大利益的方法。雇主認知到，這些員工會持續對他們的社群帶來影響，讓公司成為一處「起飛平台」其實符合公司利益。正如英特爾全球退休計畫負責人茱莉．沃特（Julie Wirt）所說：「我們不只是想成為夢幻職場，也想成為夢幻退休園地。」

恰如其名的非營利組織安可（Encore.org）一向走在這場運動的前端，為具有社會意識的斜槓樂齡族與全國各地的非營利機構媒合配對。二〇〇九年以來，包括兩百名英特爾退休員工在內，幾千名「接近退休大關人士」都加入安可夥伴（Encore Fellows）計畫。英特爾資深主管之一瑪西．艾波赫（Marci Alboher）甚至撰寫《安可職涯》（The Encore Career Handbook）一書，協助他人理解如何找到對全世界有益的好工作。

彼得．歐萊登（Peter O'Riordan）就是安可夥伴一員，他曾掌管網路設備商思科系統（Cisco Systems）十四億美元業務，下轄數百名工程師。他在這家公司一待就是十九年，直到五十四歲時選擇被公司資遣。其他幾名前思科高階主管引薦彼得加入安可計畫，發揮領導力專長支持這家非營利機構。他選擇突破矽谷（Breakthrough Silicon Valley）這個組織，協助想上大學的中學生找到升學途徑，締造了九六％的入學申請成功率。有鑑於這些學童的雙親都沒念過大學，這個數字相當令人驚豔。

彼得表示，從置身擁有龐大預算、帶領數百人團隊的身分，轉型成支援執行總監的角色，而且這個非營利機構只有十二人、預算僅一百六十萬美元，這是一道艱難的調適過程。他告訴我：「我體認到，不要自我定位成『萬事通』，反而應該虛懷若谷。這一點很重要。我知道自己有些技能，但不清楚在一個背景殊異的職場中怎樣才能派上用場。」

有時這種情形會讓人氣餒，因為彼得覺得自己無法充分發揮精熟的技能。不過他擔綱執行總監與其他人的顧問，這個角色完全適合彼得這種類型的斜槓樂齡族，因為他已經離開原來的棲地，可以放膽提出無知的問題。他說：「提供建言比較簡單，畢竟我沒有領域專家的包袱，能夠採取全新的視角，這意味著我能提供全新的建議。我非常努力不說出『關於這一點，我還在思科時，我們都……』這樣的話。」

如果對你來說這聽起來像是一條有意思的道路，或許你會願意考慮一些其他資源，包括美國退休人員協會旗下的經驗團（Experience Corps），赴都會區公立學校當志工、史丹佛大學的傑出職業研究所（Distinguished Careers Institute），或哈佛大學的先進領導計畫（Advanced Leadership Initiative），都是協助身經百戰的領導人在自己的社區找到發揮社會影響力的機構。

◎必須納入考量的問題

一、是否有一個對你而言具有重大意義的原因，以至於如果你為一家非營組織或社會企業提供自己精熟的技能，會願意為了它全力以赴？

二、「安可」職涯可能意味著低微工資，你是否有足夠的儲蓄支應自己追求這份自由？

三、在你的社區裡，擁有強大社會使命的企業或致力服務大眾利益的組織，是否正好開出給薪的職位？

:·重新定位自己為企業家

在中年時期學習衝浪，需要先建立進化、成長的心態、一股勇氣，我猜還要加上一具使喚得動的身體。多數時候我不僅看起來很蠢呆，整體看來也相當危險，但即使如此，我還是很熱愛衝浪，而且我發現，衝浪是破壞式創新的恰當隱喻。企業家會調查地平線上是否有一股看起來像是時代趨勢、而非一時風潮的「新興勢頭」，他們會做好踩上這股浪頭獨準備——這不像打網球或滑雪一樣還得先預約球場時段，也沒得預習規則參考書，而且買不到入場門票。無規可循便定義了衝浪和創業。就我而言，我算是衝入飯店業兩道長期趨勢的浪潮：精品飯店與家庭共享，後面這一道發生在我五十多歲時。衝浪也需要適應調整，指的是能與浪潮結合的能力。隨著我們年齡日長，可以根據市場中這股推進力量自我調適，看看我們能否駕馭長浪。

你們許多人可能會想，要是我將以前運用在傳統職業或公司的技能，轉型成自己當家做主如何？如果你曾如此自問，你不是第一個有這股念頭的人。考夫曼基金會的報告顯示，全體企業家裡，五十五歲以上族群已經從一九九六年的一五%，成長至二〇一四年的二六%；在同一行裡，年紀較大的企業家成功機率比年輕企業家高出一倍。

上述事實不代表他們都飛黃騰達，事實上，國家經濟研究局（National Bureau of Economic Research）發現，銀髮美國人從傳統工作轉為自營職業後，年收入平均減少超過一萬八千美元。不過，比起他們將命運交給雇主決定，收穫是心靈更平靜、更多掌控自身命運的自主權。這就是為什麼四十四歲至七十歲的二千五百萬名美國人，都想要自己創業。

《紐約時報》報導：「大量證據顯示，晚年開花並非反常現象。二〇一六年，資訊技術與創新基金會（Information Technology and Innovation Foundation）的一項研究發現，發明家的黃金時期落在接近五十歲左右，往往都是在職涯後期才爆發高生產力。同理，喬治亞理工學院（Georgia Institute of Technology）與日本一橋大學（Hitotsubashi University）教授聯手研究專利持有人的相關數據顯示，在美國，一般發明人遞交申請書到專利辦公室的年紀約莫四十七歲，而且最有價值的專利往往來自年紀最大的發明人，他們通常都超過五十五歲。

六十二歲的蓋瑞．沃茲尼克（Gary Wozniak）是個有毒癮的股票經紀人，吸毒讓他被判重刑，得在聯邦監獄關上三年半。他在接近四十歲時出獄，發現自己甚至無法在汽車租賃公司謀得櫃檯職缺。重獲新生的蓋瑞看不到職業前景，乾脆創業開起披薩餐廳與健康俱樂部，變身商業房產經紀商，並經營專為小企業提供諮詢的顧問商。他的創業成果在金融海嘯期間付之一炬，但蓋瑞再接再厲，啟動復甦園地（RecoveryPark）與復甦園地農場（RecoveryPark Farms）；一家是非營利機構，協助訓練曾經被監禁的成年員工，另一家是營利機構，致力在底特律城市核心地區數十英畝閒置土地開發農業。

幾十年來，底特律已經流失三分之二人口，這意味著整個社區都是閒置土地，好比復甦園地所在地琴恩渡船口（Chene Ferry）東區那片土地上的九七％人口都跑光了，所以蓋瑞和他那支以前都是違法者、戒癮毒蟲的團隊員工，取得相當不錯的房屋及周圍田地。現在復甦園地農場供應新鮮農產品給底特律近二百家最高級的餐館。

企業孵化商科技城（TechTown）育成二百五十家初創企業，蓋瑞的合資企業正是其一，辦公室坐落在底特律一棟工業大樓，車廠雪佛蘭（Chevrolet）出產的美國精神號（Corvette）恰好是在這裡設計完工。蓋瑞告訴我，要是沒有接受科技城援助，幫他精雕細琢商業模式、改善他向投資人募款的提案內容，並為他牽線其他可以分享最佳實務的創業家，他的公司不可能壯大成如今這等規模。對我們這些想要人生下半場重塑自我的人來說，底特律汽車工業沒落、隨後而來的廢棄建築復興，正是一道恰當的比喻和強烈鼓舞人心的啟示。

科技城是斜槓樂齡族藍道・查爾頓（Randal Charlton）的企業獨創觀念，他說服韋恩州立大學（Wayne State University）領導階層協助他設立這座孵化器公司，主要服務那些展開職涯第二、第三或第四春的企業家。置身創業夥伴之間，互相交流智慧和指導，是孵化器與生俱來的一部分吸引力，所以請看看你所處的社區是否有這樣的機構存在。

美國退休人員協會與小型企業管理處（Small Business Administration）所建構的合作夥伴關

係，也是另一項管用的資源。這家組織與聯邦機構均在各州設有當地辦事處，專為當地客製需求辦理工作坊和網路研討會；美國退休人員協會還每年都舉辦比賽活動，甚至自創名為孵化場（The Hatchery）的創育機構；或許也和許多銀髮創業家一起前進矽谷創業高峰會（Silicon Valley Venture Summit）與老齡化二·〇（Aging 2.0）這些創新加速器大會。最後，我強烈建議，你可以觀賞保羅·泰斯納（Paul Tasner）在 TED 談論自己六十歲創業的經歷。我列在〈附錄〉裡的「影音片段／演講」部分。

◎必須納入考量的問題

一、當你啟動新事業時，先前在傳統職業中培養的哪些技能最能轉化派上用場？

二、你該如何在創業的方向上邁出一小步，試探自己是否可以平衡激情與焦慮感？

三、你可以利用哪些資源協助自我教育並為你的創業找到投資資金？

四、加盟連鎖店是最受五十歲以上創業家歡迎的做法，你是否考慮過相關機會？

∴另起爐灶當個外派人

隨著發展中國家提升無線網路、醫療保健品質，越來越多美國人考慮在境外安度晚年。二〇〇九年至二〇一五年，接受社會安全福利的境外退休職工人數成長二二％，但據估這個數字應該更高，因為許多人仍然從美國郵政信箱接收支票。

搬到中美洲的哥斯大黎加、南歐的葡萄牙或亞洲的泰國，有什麼吸引力？第一點，便宜。房價可能僅為美國的一半至三分之一，而且因為人均國內生產毛額可能只有美國的一半至三分之一，生活成本低廉得讓人難以置信。當我還在 Airbnb 負責掌管全球各地的房東時，曾遇過幾十名選擇在海外半退休的美國人，他們買進具有度假租賃潛力的房產或物件，並使用 Airbnb 當作退休儲蓄金的來源，提供長壽人生花用的資金。

再者，境外氣候、文化絕佳，晚年時學習新語言還能讓思維活躍。生活在海外使許多老年人感覺變年輕了，而且使用 Skype、WhatsApp 及其他通訊軟體做跨地域、跨時區溝通，都遠比以往方便。包括諮詢到顧問、生活指導到寫作或編輯等許多職業，都可以遠距交差。

我的前餐館合夥人茱莉・瑞英（Julie Ring）今年六十六歲，離開舊金山赴墨西哥與愛人完婚。她五十二歲時在曼札尼約（Manzanillo）買下一間房，十年後搬去當地定居。她知道自己會變成僑民，所以只申請一張程序簡單的永久居留簽證，也在當地提交工作證明。她有許多朋友在美國企業兼差或在美國提供諮詢服務，一邊領取美金薪資，一邊享受墨西哥當地的低生活成本。茱莉每年只要花三萬美元就能過得很愜意，但如果待在舊金山灣區，她非要掙進六位數不可。她賣畫、偶爾兼上烹飪課程，還開開心心地在當地社區積極開展回收計畫及動物消毒事業。她高齡九十三歲的父親、姊姊和姊夫也全都南遷住在附近。茱莉說：「我真的很開心可以隨心所欲設計自己的生活。除了金錢，我在其他方面都很富有。我相信，老爸適應過渡期時生活會有一些變化，但目前的生活正是美好、珍貴的時光。我可以預見自己在墨西哥安度餘生，也許不會只停留在曼札尼約，阿吉吉克（Ajijic）可能是下一站。」

你將在〈附錄〉中看到我推薦國際生活（International Living.com）網站，可以協助你想像住在充滿異國情調、生活水準合理的國外城市會是什麼景況。

◎必須納入考量的問題

一、你兒時或年少時是否夢想過有一天可能會在國外生活？

二、你是否已經有熟稔並渴望派上用場的外語，或是有沒有你一直想學習的外語？

三、你可能會考慮休個長假，遠赴某個特定的好玩據點，與移居當地的僑民更深入聊聊房產成本。以及，你要是也搬到當地，有賺取額外收入的方式嗎？

暫時喘口氣後再充電上路

你的職涯可能會為了各式各樣的原因暫停腳步：生兒育女、照料年邁雙親、重返校園、轉換跑道、遭逢裁員等。其中有些原因在計畫之中，有些則是意料之外。不過，無論你為何停下，或多或少都會感到焦慮，好似試圖跳回一張漂浮在河面上隨著急流往前衝的筏子。這時，我稍早在本書提過的成長心態就派上用場了。即便你已置身那個沙盒之外一段時間，你或許還是覺得這個世界好像正處心積慮要求你證明自己的實力。請集中在自我改進之道，精熟技能沒有截止日期，人類可以常保成長心態，直到嚥下最後一口氣為止。一天一次，你將看到信心重新萌芽。

五十五歲的黛安．弗琳（Diane Flynn）任職於波士頓顧問公司（Boston Consulting Group），念過哈佛商學院，在美商藝電（Electronic Arts）服務十年，擔任資深行銷職位。。她精力充沛、全神貫注，而且樂於接受工作挑戰，無意中止自己的職涯。不過家裡還有兩名幼兒，偌大的壓力導致她罹患慢性鼻竇炎。她最終決定選擇性放棄，但對象絕不是家庭，所以她做出曾說過絕不會做的事——喊停自己的事業。這一停就是十六年，其間還生了老三。不過我在此必須澄清，她暫停的只是領薪水，不是每個人都能仿效她。黛安很幸運地獲得丈夫提供經濟支持，讓她得以動力滿滿地以志願者的身分工作，擔任史丹佛兒童醫院（Stanford Children's Hospital）董事並提供建議。她的工作彈性很大，因此可以參加兒女所有的舞蹈表演和足球比賽。

二〇一四年，她有機會重返職場，一開始的本意並非回歸全職工作，所以承諾每週工作二十五小時。一個月後她發現，穿上熨燙整齊的襯衫走出家門，解決寓意重大的工作挑戰，實在是再興奮不過的事。她也很喜歡和年輕人共事，不僅可以讓她與時俱進，當成年兒女都已經離家奮鬥，這群小夥子還能提醒她全家樂的感覺。黛安的技術能力進步神速，她也很滿意薪水，不過她同時也意識到，自己脫離職場十六年，她還沒有做好面對全新工作環境的心理準備。

黛安與我分享心得，儘管她懂科技、對科技也有興趣，但覺得自己的知識與技能都乏善可陳，尤其一旦涉及所有脫離職場期間冒出的技術工具，好比領英、社群媒體、Google 套裝服務（Google Suite）之類的協作工具、簡報圖形、雲端會議軟體 Zoom、Google Hangouts、Skype 與 WebEx，以及常用的通訊工具，如辦公軟體 Slack 和 Telegram 等。她回憶：「我很快就迎頭趕上，足以勝任工作，因此備感鼓舞。但我也感覺到，同儕對我重返受薪職場產生有如排山倒海般的興趣，無論是因為經濟需求、智力刺激還是社交關係。這一點讓我想到，幫助想要重返職場的女性也許是一門生意。」

所幸，另有四名女性和黛安懷抱同樣熱情，她們攜手創辦加速重啟（ReBoot Accel）。加速重啟提供一整套計畫，協助女性與時俱進、對外連結，並對重返職場或追求新目標產生信心。值此執筆之際，它已在矽谷、芝加哥、西雅圖、波士頓、亞特蘭大、底特律、休士頓、紐約和洛杉磯服務超過一千名女性，而且正在全國各地拓展。加速重啟也吸引一個人數持續增加卻被嚴重忽視的人才庫。根據二〇一〇年人才創新中心（Center for Talent Innovation）發布的一項研究，四三％女性暫停職涯，九〇％則希望重返職場，光是在美國就相當於每年三百三十萬人。

黛安總結：「我們的主要挑戰是，這些求助加速重啟的女性經驗都很豐富，大都擁有碩士學位、滿腹經綸，自信心卻很低。她們沒有領悟到，對雇主而言，她們無論是受薪或無薪的經驗、人脈與軟實力，都會是彌足珍貴的資產。她們跟初出茅廬的大學畢業生不同，已經可以自主工作，具有一定程度的權威，還是非常熟練的多工高手；此外，她們具備智慧、成熟、扎實的溝通和說服技巧，加上非常忠誠、守信諾，留任意願往往很高。」

馬丁·尤恩（Martin Ewings）在全球招聘諮詢商萬寶瑞華（Experis）負責獵才。他說，越來越多的雇主正想盡辦法從新興的「回力棒」人才庫發掘好對象，這些人已經退休，隨後又決定在其他地方尋找新工作；同為「畢業校友」的企業發現，一旦他們退休或離開另外一家公司，仍會希望偶爾幫得上忙。

這些暫緩腳步的年長員工提供一種提升、指導現有員工技能的珍貴手段，而且他們多半「高度忠誠、堅守承諾」。尤恩也推翻老狗學不會新把戲的假設；他知道別人常常依據過去的工作經歷，選擇性記憶他們的能耐，但實際上，同樣重要的考慮因素則是他們固有的人格特質。他說：「有一些幾乎無法傳授的能耐，與個人本身更有關係：動力、適應力、復原力和好奇心，或是主動學習新事物的意願。這些能耐不限於特定年齡，但相較於經歷，它們很難成為雇主願意聘雇的原因。不過，我們開始看到組織正慢慢變得願意接受這種想法，開始尋找能證明自己是上述四大能耐綜合體的最佳候選人。」他告訴我，決定一名候選人是否具備上述特質的最好方法，就是請對方形容某一次遭逢能力範圍之外的挑戰或問題，他們採取什麼措施想出解方，最終他們又從中學到什麼教訓。

尤恩還告訴我，雖然大家都認定年長員工的技能通常都過時了，但即使大學新鮮人在第一年學了編碼語言，過幾年即將畢業時會發現，那些技術也已經失寵了。數位轉型並非新鮮事，改變的速度卻是前所未見，所以那些注定成功的人永遠都在學習。適應性學習不是青少年專有的技能。

真的有友善看待高齡員工的企業存在嗎？沒錯，而且你還可以在 RetirementJobs.com 這個網站找到幾家代表，它們提供內部五十歲員工的同級對等評價，各個產業都有，從亞馬遜、家居修繕龍頭家得寶（Home Depot）、跨國飯店集團萬豪國際（Marriott International）

到醫療保險商安泰（Aetna）。這個網站也有經過認證的友善看待高齡員工雇主計畫，而且已經通過嚴格的審查程序，包括美國電話電報公司（AT&T）、連鎖藥妝店CVS藥局（CVS Pharmacy）、富達投信（Fidelity Investments）與富國銀行（Wells Fargo）在內的企業都達標。

但即使是加入最友善看待高齡員工的企業，請務必做好回答以下問題的心理準備：「你為何在職涯這一階段改變領域或產業？」、「你確定要重返職場嗎？」、「看起來你以前是企業家，但有可能最後沒做起來。我們如何確定，要是雇用你的話，你真的會信守承諾？」

同時也請準備好提出自己的問題。以下是臉書營運長雪柔・桑德伯格說她所聽過印象最深刻的問題：「你正在應付的最大挑戰是什麼，我該如何幫妳解決這個問題？」還記得第三章接近尾聲的彼得・肯特嗎？儘管他是求職方，他與比自己年輕三十歲的喬安娜・萊利面談工作，卻反客為主，將場子變成一次傳授心法的機會。斜槓樂齡族即使是參加工作面試，也會讓智慧為自己說話。

◎必須納入考量的問題

一、假設你脫離職場好一段時間，哪裡有資源可以協助你重建信心？

二、你如何用一種手法素描自己的人生故事，足以讓一家潛在的雇主根據你的履歷與其他人生經歷就知道你已經掌握自己的人生？

三、你如何協助面試你的對象理解，你進入這家企業是為了依據過往經歷幫助他們解決讓人頭痛的問題？

∴重新認識空檔年

瑪莉．凱薩琳．貝特森在二〇一〇年出版的著作《構思未來生活：活用智慧的時代》（Composing a Further Life: The Age of Active Wisdom）裡這麼寫：「倘若讓為數眾多的五十歲或五十五歲族群放個一年或兩年長假，這一年將會挑戰他們重新思考自己的人生，並帶著重新蓄積的能量與動力回到工作崗位，代價是什麼？」因此，她提出本章前半部分有關中年時期另建中庭的比喻。

成年人生感覺有點像是沒有加註標點符號、講個沒完沒了的長句。我在金融海嘯肆虐最劇烈的谷底賣掉自創的飯店公司，當時我即將跨入五十大關。這一步並不在我的商業或人生計畫中，但很明顯，出於我在本章起頭提到的心臟衰竭毛病，暫停腳步為人生另闢空間的時刻已到。

我的靈感來自澳洲人。長久以來，他們一直都對自己的流浪癖引以為樂。雖說澳洲地處邊遠，但人生初期與晚期出國走透透卻是舉世皆知的全國文化。事實上，澳洲政府強制指定長期服務假（Long Service Leave），即員工為同一家雇主連續工作十年，便有權享受兩個月的額外休假。澳洲人已經證明，你不必上大學或研究所也能獲得多出來的休息時間。

當兒女在進入或離開大學之際停下腳步喘口氣，我們稱為「空檔年」。但這些十八歲或二十二歲的大孩子，根本還沒開始寫成年期那落落長的人生故事，為什麼反而有權利開始加註標點符號？那些已經過掉大半輩子的成年人，若僅僅需要一點空間就可以喘息、嘗鮮或重新奮起，夠資格比照辦理嗎？所幸，隨著越來越多人掙脫我們在第三章提到的三階段人生說，中年人生放一段休假年的想法正日趨流行。紐澤西州普林斯頓市企業實習計畫中心（Center for Interim Programs）是全美第一家、開業最久的空檔年諮詢顧問服務商，正如總裁荷莉．布爾（Holly Bull）投書《紐約時報》：「我們主要與學生共事，但看到半退休的年長客戶有越來越多的趨勢。他們都正在尋找新方向，並持續自問下半輩子還想做些什麼事。」我列在〈附錄〉中「我的各種十大最愛清單」之下的「文章」部分。

然而，幾乎所有協助他人計劃、執行空檔年的資源都聚焦年輕人，他們想要一邊學手藝，一邊體驗公益旅行的生活，或是像全球游牧民族一樣到處旅行（一路上可能會留宿幾家負擔得起的 Airbnb 住房）。尤有甚者，只有一二%美國雇主提供無薪年假，所以中年人若想放一段空檔年，唯一機會就是在換工作的空窗期。

值此執筆之際，我也正四處詢問年紀相當的朋友如何計劃度過未來幾十年，結果大家普遍對退休金來源非常焦慮，以及深深困惑要如何在退休前再過得有意義，這真是讓我驚呆了。正如其中一人所說：「在我四十出頭時，雇主就含蓄地暗示，因為我的知識過時了，以後就『別插手』決策。我一整個『火大了』。隨後我賣力工作卻毫無參與感，開始感覺一天比一天更『油盡燈枯』。後來，公司境況不佳，掏一筆錢就『打發我走』。現在我已經準備好『掙脫枷鎖』，以便釐清下一步要做什麼。我希望可以找個地方好好把事情想清楚。我的神經繃太緊了，超累的。」

別插手、火大了、油盡燈枯、打發我走、掙脫枷鎖……怎麼都沒有欣喜若狂的感覺？我瞬間頓悟了。要是我創辦全世界第一家長者專屬的斜槓樂齡族學院，入學人士多半是四十五歲至六十五歲族群，大家都可以在這裡體驗通過並進入新時代的儀式，那會怎樣？一定是中年毛毛蟲蛻變成斜槓樂齡族蝴蝶的好地方，讓大家都可以體驗逃出去的快感，而非被遺漏的恐懼感，而且人人可以分享今天為何會在中年時期另建中庭的心路歷程，並述說自己下一步想要實現什麼夢想。學員在這裡還能培養新技能，因為我會開辦教授各種知識的課程和講座，從創辦新事業、提升自尊、自我保養之道、搞懂科技，到更清楚理解什麼事物賦予這個階段的人生真義。永遠不要低估智慧和好奇心的價值，特別是當它出自一大票擁有共享經驗的人。

二〇一八年一月，第一家測試版斜槓樂齡族學院將在墨西哥南下加利福尼亞州（Baja California Sur）的艾爾佩斯卡德羅市（El Pescadero）開張，就在度假勝地卡伯聖路卡斯（Cabo San Lucas）往北一小時車程之處。這套計畫的基礎支柱源於本書：進化、學習、協作、忠告。學員修習「心態管理」課程會收到一張證書，內含任何能為人生重要關卡帶來意義的技能，特別是當前這一關。本學院的使命是激發重新架構終身體驗的能力，並認識到自己在現代職場的掌握力、意義與價值。請造訪 www.modernelderacademy.org 以便了解更多資訊。

你大概可以想像一下，你帶著一桶瓦斯駕車出遊，「三階段人生說」會教我們，這是一桶瓦斯之旅；當我們領悟，其實要裝滿兩桶燃料才足夠完成這趟終身旅程時，早已為了省著點用累個半死，特別是我們會比預期多活十至二十年。本學院的目的是充當旅行休息站，你可能會體驗到「下加州式頓悟」（Baja-Aha!），也會發想出打造中年時期這座中庭的建築藍圖。無論你能否加入斜槓樂齡族學院，請呼朋引伴年齡相仿、心態相近的人士，打造一處社群，彼此可以分享故事、恐懼、夢想和計畫，這是你在開展人生與職涯新篇章時，重建信心、找到喜悅最有成效的手法之一。

◎必須納入考量的問題

一、你的職業是否感覺像是沒完沒了的長句？或甚至就像一場無期徒刑？你如何能夠暫歇腳步思考自己的選項，並與一群理解你正在努力掙扎，可以支持你持續學習和成長的人取得連結？

二、你能創辦一處社群，集結一群想要體驗共享「逃出去快感」的夥伴，並且互相幫忙釐清，對他們來說，在當下這一刻什麼事才重要嗎？

:· 勇進意味著重新連結

如果本章真正教會你什麼事，那就是你有很多選擇，但那些鼓勵你勇進的選擇，會需要你重新與自己、他人連結——年紀比你小的人肯定也包括在內。如果你想成為具有重要意義的斜槓樂齡族，就必須知道你的工具箱裡面哪一樣技能最精熟。你也得跟其他人連結，無論是像班．戴維斯發揮自己的協作技能，打造出獨一無二的公共藝術作品，或是像黛安．弗琳協助女性重返職場互相學習。無論你是連結同樣淪落天涯的陌生人，或是重新連結兒時舊識，可能都已經累積足以支持的厚實人脈關係，但重點是，你得主動啟用它。

再者，我們可別忘記，你也可能需要重新與比你年輕的人連結，你的下一位老闆很可能就在這批人之中。現在正是我們克服代際偏見的好時機，別再反對像是火星文、刺青、服裝或髮型的事情了。我們許多年逾半百的人，對這類小事還是非常「方正不阿」（這是我們嬰兒潮世代的愛用語）。只要記得，你自己的父母輩也曾對你做出此類不公平的假設。你可以試著將恐懼與價值判斷轉化成好奇與成長，在新棲地當個文化人類學家。

想像一下自己滿一百歲了，現在就回顧人生；想像你深受老天眷顧，人生最後幾十年裡，視力還有一．〇，可以看到掉在路面上的叉子；*也能神智清明地泰然接受自己的選擇。事後看來一切再明顯不過，當你對那條令你害怕的道路表達出全心全意的肯定，當下就該再多走幾步深入探索。

但是，現在你已經一百歲了，根本沒有機會「重新來過」，因此心懷不只一絲絲遺憾。全世界的語言中，最讓人悲傷的字眼就是「但願」。作家費德列克．M．哈德森（Frederic M. Hudson）說，我們年屆中年，是一段介於愚蠢與智慧的時期，沒有太多鮮明性格。但這段時期正好是你用來千錘百鍊下半場人生的性格、掌握度與遺愛世人的感覺。

亞伯特．史懷哲（Albert Schweitzer）沒有活到一百歲，但也很接近了，他在一九六五年、高齡九十歲時撒手人寰。史懷哲這一生總是在進化或重新奮進。他曾是風琴演奏家，後來變成教堂裡的牧師與神學學者。三十歲時，他決定研究醫學和手術，這樣才能成為非洲的醫療傳教士。他經常在歐洲舉辦風琴演奏會，以便資助他在法屬赤道非洲（這個地區現在已建國，名為加彭共和國）創辦的醫院。一直以來，他都是人道哲學家兼作家，曾在著作中堅決主張，現代文明缺乏愛人情操，正一路衰敗。他的哲學被定義成「尊重生命」，或是採用任何可能的方式敞臂發揮同情心。他在七十七歲時獲頒諾貝爾和平獎。

史懷哲提供你以下中年忠告：「人生的悲劇就是哀莫大於心死。」而且，「在每個人的一生中，總是有些時刻內心的火焰會熄滅。當我們遇上另一個人，火花便再度點燃。我們永遠應該對那些重新點燃自己內在精神的對象心懷感激」。

你想與什麼人或什麼事聯結，以便重新點燃心中的火花？

* 譯注：叉子一說源自職棒明星尤吉·貝拉（Yogi Berra）：「若遇叉路就泰然接受。」（When you come to a fork in the road, take it.）

第9章

經驗紅利：擁抱組織裡的斜槓樂齡族

「年輕人的價值觀是占有、消費、表達和個體性；而在年紀與死亡面前強力支撐尊嚴的價值觀，則是關係、連結度、分享和參與。對社會變革來說，後者是更強大的推動力。」

——英國作家查理．李德彼特（Charles Leadbeater）

∴「但她和我們是同類人嗎？」

不久前，我向一名在別家科技公司服務的年輕男性友人，推薦年近五十歲的求職女性，他回問我這個帶有預設立場的問題。雖然我相信他只是真心想確認對方能否成功融入他們獨特的公司文化，但其實他可以問得更不著痕跡一些：「她是那種你會想要痛快乾一杯的『兄弟』嗎？」

近十年來，幾百本領導力書籍皆歌功頌德「投資企業文化」這種高尚品德，所以這道看似無害的問題潛入全世界面試環節與企業招募過程，也就見怪不怪了。但這種問題經常是代表：「我們只雇用像我這樣的人。」所以無論是性別、種族或年齡，都是一種潛意識偏差的形式，有可能導致同質文化。這也是為何我們在 Airbnb 傾全力把這種問題剔除在招募候選人的談話內容之外。

所幸，有鑑於太多年輕的科技公司在眾目睽睽之下演出文化崩壞的戲碼，在設想求職候選人加入許多公司的潛在可能性時，這已經變成不能碰觸的問題或評論。尤有甚者，當今的關鍵問題應該是，求職者能否「為企業文化加分」或「符合企業核心價值觀」。只要那些價值觀不帶有潛意識偏見，這種問法就明顯改善許多。

資誠對外宣傳時，仗恃著公司擁有「超級年輕」的勞動人口，誇口自己是「千禧世代的職涯歸宿」。它大剌剌地衝著年輕人打廣告，結果招致集體訴訟被告上法院。許多企業努力不懈地追求年輕人，好讓自己看起來朝數位商數靠攏，結果是它們不僅得冒著訴訟的風險，更演化成排斥異己的職場，將女性、少數族群與中年員工邊緣化。

每每談到性別與種族時，許多企業都擁有令人豔羨的資源，可以把職場變得更多元化、更有包容性；但若是論及年齡，卻往往瞠乎其後。二〇一五年，資誠的一項全球執行長調查發現，六四%企業能夠端出正式的多元化和包容性策略，八五%執行長相信，這種做法提高獲利。然而，前述六四%企業裡，僅有八%將年齡視為整套策略的面向之一。當勞動力短缺訊號浮現時，儘管部分原因是新制定的限制移民政策，但市場中存在一批宣稱想要延後退休的銀髮勞動力梯隊；令人詫異的是，極少企業領導人在年齡方面放寬思考框架，願意設法引進、保留最聰明與最明智的人才。

同樣令人費解的是，五十歲以上的員工是職場人口分布圖中成長最快的年齡區間，但多數企業卻不曾制定銀髮策略、全面計畫，讓自己成為模範雇主。不過，請記住我的提醒，就像一百多年前的工業革命催生一套全新的職場法則與標準，象徵越來越多人會活到一百歲的銀髮革命（Longevity Revolution）將迎來一套不考慮年齡的全新法則與標準，它們將定義二十一世紀的職場。能夠比競爭對手早一步積極打造全新友善斜槓樂齡族職場的企業，才能蓬勃發展。

遺憾的是，太多雇主對年長員工有其矛盾情結，正如本書第一章的伯特・賈克伯看待我這位斜槓樂齡族的觀感。此一矛盾情結往往是混雜迷思與偏見的結果，鮮少實質證據支撐。正如我們思考生產力依舊停留在工業時代的模式一樣，也就是，企業以最低勞動成本計算一名員工在一個八小時的輪班時間內可以生產多少物件，卻無視「隱形生產力」可以為職場貢獻智慧，帶來正面滿溢效應。

組織需要為斜槓樂齡族界定職務內容，因而必須將「經驗紅利」納入考量：經驗豐富的領導者，可以對周遭的人、事、物產生整體性的正面影響。本書以廣泛篇幅概述多元文化的價值和美德，以及如何配對明智的斜槓樂齡族與聰明又有野心的千禧世代，才能產出共生共榮的結果。本章適合執行長、人資主管與其他協助公司撰寫招募秘訣的人士參考，因為他們都想在一個多元世代共處的職場中獲取無盡好處。

如果你具有上述身分之一，現在就看你打算如何採取行動了

∴ 打破年齡歧視的刻板印象

在開始討論管理階層和企業要如何打造各種讓斜槓樂齡族如魚得水的政策和組織文化

前，我們先戳破一些有關年長員工的迷思與偏見，因為它們阻礙有志者被聘用或留任。以下內容是依據理查·波瑟瑪（Richard Posthuma）、麥克·坎皮恩（Michael Campion）與其他幾位學者的廣泛研究結果歸納而成。

迷思一：年長員工表現不佳、較不積極

據說年長員工在科技方面能力特別落後，比較沒有上進動機、進度緩慢，而且生產力也比年輕員工低落。有各種研究報告顯示這是刻板印象，原因有二：（一）工作表現不會隨年歲日增而遞減，事實上反而經常是日益改進，特別是如果你整體衡量其對團隊的影響；（二）員工之間的績效差異往往基於技能或是健康狀況而非年齡。此外，人力資源顧問商怡安翰威特（Aon Hewitt）與市調公司蓋洛普（Gallup）的數據顯示，五十五歲以上的員工比年輕同儕更積極、有動力；其中，六五％在參與度得分較高，這一項的全體員工比率則為六〇％。事實上，其他年齡組別的參與度都不比年長員工高。這份研究所定義的參與度，是指一貫積極地向雇主發表意見，渴望成為組織的一部分，而且會為了促進企業成功付出額外努力——大家都想延攬這樣的員工，對吧？

迷思二：年長員工抗拒變革

據說年長員工更難訓練、適應力更差、彈性更小，而且更抗拒改變；結果是，他們在培訓等方面的投資報酬率較低，並且難以良好適應進程或管理變化。但研究人員波瑟瑪與坎皮恩發現，並無令人信服的證據顯示如此。事實上，第四章提到詹勒與霍克曼所發表的研究卻發現，年長員工更有自信，反而更加開放聽取反饋意見。至於抗拒變革的認知，經常是一種自我實現的預言，因為許多企業制定的培訓計畫就早一步排除長期雇員或年長員工，大都聚焦在新員工和年輕人身上。

迷思三：年長員工學習力比較差

據說年長員工慢吞吞，尤其學習新科技時能力低落，因此專業發展的潛力較低。與這種刻板印象有關的有效研究結論不一，但有可靠證據顯示，他們學習新資訊比年輕同儕慢的原因之一，其實是大腦已經塞進比較多知識。有些信服力高的證據顯示，年長員工若採用與年輕員工不同的培訓做法，有助於提高學習成果。學習力的關鍵在於評估學習敏捷度或能耐，並願意開放心胸接受新觀念，在千變萬化的環境中，這一點至關重要。毋庸置疑的是，隨著年齡增加，大腦左、右兩邊會變得更加同步，促進所謂「橫向思維」，指的是我們同步、連結遠端念頭的能力，這種演化有助我們解決問題。

迷思四：年長員工服務時限較短

據說年長員工可能出於健康問題或自願退休，不會「待」很久，因此也就有損雇主從招募和培訓投資的年限。研究表明這種想法有誤，年長員工反而比年輕員工更不可能辭職；實際上，這兩大族群的工作年限其實相差無幾。怡安翰威特的資料庫顯示，近半五十歲以下的員工坦承，會考慮接受另一份工作機會或正在積極尋找新去處；反之，五十歲以上的員工，僅不到三分之一表示正在另謀新職或接受新缺。每一名員工的離職成本估計為八千美元至三萬美元，聘雇、慰留年長員工有助公司提升利潤。

迷思五：年長員工成本更高

據說年長員工對公司來說比較花錢，因為薪水較高、花用健康福利較多，而且他們離退休年齡也比較近。與這種說法有關的有效研究結論不一，但證據顯示，年長員工確實薪資較高，不過其工作經驗也更豐富，因此對雇主更有價值；他們的缺勤率也比較低，有助公司省錢，因而抵銷高薪資的缺陷。此外，要是雇主同意年長員工享有一些彈性時間的好處，他們其實寧可轉成兼差型態。在科技業，數據顯示員工的收入在四十五歲時達到高峰，自此開始走跌。

迷思六：年長員工比較不信任他人

據說年長員工比年輕員工更不樂意／願意相信同事，而且會煽動更多衝突。錯了！大量研究指出，年輕和年長員工都表現同樣程度的信任意願，而且年長員工實際上更能有效調整自己的情緒、更會解決人際問題。不過調查也顯示，年長員工更在乎公平與否，所以你若是雇主，可能有必要展現更高透明度。

迷思七：年長員工健康比較差

據說年長員工健康狀態比年輕員工遜色，因此生產力較低、請病假時間更多，並且更可能導致昂貴的醫療保健成本。錯了！至少以每天為衡量單位來看，年長與年輕員工的身／心同樣健康。事實上，平均來說，年長員工比年輕員工更少休假，而且因為家庭保險的撫養人數總量會大幅影響醫療保健費用支出，因此年長的單身員工或是處於「空巢期」的夫妻，可能比年輕家庭的醫療成本更低。此外，對於那些活到老、做到老的員工來說，年滿六十五歲就可改由聯邦醫療保險（Medicare）包辦成本。

迷思八：年長員工的工作與家庭不平衡

據說年長員工比較不易在工作和個人生活之間取得平衡，因此更可能將家庭擺在工作之前。這也錯了！年長和年輕員工在工作和家庭之間都經歷同樣的拉扯，平衡程度也相當。

令人困擾的是，老一輩的人實際上比年輕人更支持這些年齡偏見，這樣一來，我們如何才能消除這些存在心目中和職場中的偏見？首先，我們只需意識到自己的偏見，並觀察它們何時浮現表面；在此，即使僅是語義稍微轉換也大有裨益。假設我改變上述每一種刻版印象，像是把「年長員工」改成「經驗老到的員工」，多少會讓大家對他們的偏見改觀。事實是，年長員工通常也是經驗老到的員工。

其次，那些坐在高位的領導人，需要採納並建立教育所有年齡層員工的實踐模式，側重年長員工的價值，並打造一種尊重、包容而非年齡歧視的文化。正如華頓商學院管理學教授彼得·卡貝里（Peter Cappelli）在合著的《管理年長員工》（Managing the Older Worker）所說：「隨著年歲增長，工作績效的每一方面都會變得更好。我原以為整體結果可能會參差不齊，實情並非如此。年長員工表現優越，但職場中對他們的歧視高漲，兩種現象並列存在實在毫無道理可言。」其他學者可能會不同意上述引言中的「每一方面」，但越來越多研究人員凝聚出一道共識，即幾十年來，我們都低估年長員工的經驗值了。

倘使雇主能夠收回年齡歧視，創造一個歡迎年長員工、而非將他們晾在一旁的職場，這種融合經歷與青春的氛圍，將可促進更高的生產力、利潤和創新。對此，年長員工必須放棄他們對地位的依戀，有時也要開始視自己既為導師也是實習生。請記住，智慧唯有在世代之間流動與交換，才能發揮最強大作用。

：·成為友善看待高齡員工的十大雇主實踐之道

請開始擊鼓。我將開始為你倒數我的十大雇主實踐之道，它們可以為你打造吸引、挽留老經驗員工的競爭優勢。我們將從比較簡單的實踐開始，再依次轉向更有影響力的實踐，最終把注意力全部集中在第一則。

一〇、當你想了解員工勞動狀況，請從數據資料下手

如果你和大多數雇主一樣，可能就會保留各種與員工私密資料有關的人口統計數據，但是你拿這些統計數據做些什麼？哪些額外資訊有助你理解這些不同年齡層員工的精神或身體狀態？你是否檢視過不同年齡層的健康和缺勤數據，以便主動提出有益健康的策略？論及年齡時，你是否探究過貴公司的多元性？有時候，由於視覺證據比較容易辨別，種族和性別多樣性問題會因此更顯著，但不會有人在衣服上戴著別針標示自己的年齡，因此用以協助你探索人口挑戰的年齡分布數據有其必要。

位於舊金山的團隊協作軟體公司亞特拉斯山（Atlassian），致力協助企業了解人口多樣性對公司效率有何價值。他們發現，若導入背景多元的團隊成員，整體績效可以提高五八％；不過他們也明白，自家公司的多元化報告並未涵蓋年齡多樣性等主題，也未曾分析若以團隊層面而言，實際的協作水準如何。所以，亞特拉斯山選擇自己動手做，之後公布的數據資料

不僅涵蓋全公司的年齡多樣性，更深入探究那些代表性不足的群體散布在全公司團隊的情形。二〇一六年，他們發表的數據明白標示出，全公司上下的每一支團隊有多少女性、超過四十歲的員工及少數族裔成員。

另一個值得爬梳數據資料並探討的問題是員工滿意度。有些企業發現，正值他們努力招募年輕員工、填補職缺之際，經驗豐富的資深員工因而感到備受冷落。聰明的公司會調出年度或季度員工滿意度，切分各項數據以便確定參與度、幸福感，以及各個年齡區段族群之間的離職風險，致力避免這種情形發生。比較開明的公司則會詢問員工，該如何制定彈性工時政策或分階段退休計畫，才能滿足資深員工的需求。

但是真正優秀的企業則遠遠不只是蒐集數據，而是會做出有意義的變革。我們所衡量的程度，僅止於協助領導階層設定可以內嵌在未來企業目標的比較基礎；你越主動對外溝通這些目標，好比是張貼在官網上，就越公開表態自己正打造更多元、更具包容性的職場。你可以考慮進行美世適齡檢查清單（Mercer Age Ready Checklist）測試，* 以便確定目前自己能提供

* 美世適齡檢查清單測試網址：https://survey.mercer.com/Survey.aspx?s=2c38153706084 3c3a66bdc5f1647d537

多少種友善看待高齡員工的不同方案，也能試著逐一和其他公司比對。

九、根據年齡打造內部親善團隊

葛瑞琴・艾迪（Gretchen Addi）在全球知名的設計公司IDEO服務，六十多歲時周遭圍繞著年齡與自家兒女相當的同事。當她四十多歲加入公司時，就已經有別於年輕同事了——她走過一連串同事不一定理解的生活歷程，好比照料年邁雙親這種看似有礙未來發展的選擇。她感受到公司尊重她，並開明到准許她將高齡九十歲的芭芭拉・貝斯金（Barbara Beskind）帶進內部，參與一連串目的為老年人打造科技產品的計畫。不過葛瑞琴承認，有時她感到孤獨和孤立，因為自己身為年長員工卻處於「年輕人園地」的感受，她找不到適當場合分享。

葛瑞琴並不孤單，我已經從朋友、前同事和讀者口中一遍又一遍聽到這類故事。光是在Airbnb，我就至少曾與十幾名四十歲以上員工私下聊過，他們都喜歡在這家公司工作，卻總覺得像是社交棄兒，因為下班後想與團隊成員拉攏感情、到KTV高歌一曲的念頭從未實現。所幸，我們這些對話激勵其中兩名同事伊麗莎白・波漢能（Elizabeth Bohannon）、黛絲瑞・梅迪森－畢格（Dessirree Madison-Biggs）大膽採取行動，成立矽谷科技大廠中第一支專為年齡層打造的員工資源團體（Employee Resource Group），名為 Airbnb 智囊團（Wisdom@Airbnb），開放給所有年逾四十歲的員工，以及任何致力實現友善看待高齡員工職場目標的對象。

這類團體可以成為相互支持和指導的珍貴來源，進而改善這個年齡層員工的生活品質。況且，這些團體在協助員工更感重視和包容的過程中，也能對公司的整體文化產生巨大的正面影響。雖然《財星》五百大企業中，九〇%都有員工資源團體，但僅一小部分設立服務年長員工的親善團隊。值得讚賞的企業有信用卡公司萬事達卡（MasterCard），內設累積寶貴經驗的員工（Workers With Accumulated Value Experience）團體；安泰成立嬰兒潮團體（BoomGroup）；金融服務美國運通（American Express），組織世代員工網絡（Generations Employee Network）；以及美國銀行／美林證券（Bank of America/Merrill Lynch），打造代際網絡（Intergenerational Network）。我們的科技同業也起而效尤，好比優步賢士（Uber Sage）、Google 大齡員工（Google Greyglers）等員工資源團體。

這類團隊若想發揮效用，通常需要：（一）結合使命與企業挑戰，這樣團體成員才不會覺得無聊或無關緊要；（二）提供員工實際利益，這樣才能吸引、挽留會員；（三）打造確切目標和明確的成功定義；（四）納入高階領導層當贊助人，以示公司嚴肅看待它的承諾。

在 Airbnb 智囊團，我們做的第一件事就是發布使命聲明，明載：「提升人們對工作以及包括房東、房客在內的整體社區跨代溝通價值的認識。我們會協助 Airbnb 成為二十一世紀的典範組織，在此，年齡將和其他指標一樣被納入多元化，資深員工將因其積累的經驗、智慧、知識和指導備感重視。」

你幾乎可以輕鬆地在任何組織複製這套模式，而同事輕易就埋單的程度，或許會出乎你的意料。當二〇一七年夏天 Airbnb 智囊團首次在公司全面推展，原本預計可能只有二十到四十名員工報名參加，卻在幾個月內就破百，成為全公司最大的員工資源團體之一。你要不要考慮在公司內部成立類似的智囊團？我已經做好一套親善智囊團的工具包，你可以從這個網站下載：www.WisdomAtWorkBook.com。

八、研究其他雇主的最佳實踐之道

你不必從零開始，已經有各式各樣的重要資訊來源足供參考，讓你知道其他企業正如何打造完整的代際互惠職場。露絲．芬克絲坦（Ruth Finkelstein）堪稱哥倫比亞大學旗下年齡熱潮學院（Age Boom Academy）的發電機與驅動力，同時指導友善高齡的聰明雇主大獎（Age

Smart Employer Awards）計畫。你可以回顧這些集中在紐約市的年度獲獎企業，打造自己能進一步思考的友善高齡清單選項：若有員工需要照料年邁長輩，或設定年長員工學徒計畫，或為資深員工打造特定培訓課程以彌補差距，公司是否能夠提供支持作為。

彼得・卡貝里和比爾・諾維利（Bill Novelli）合著的《管理年長員工》裡詳載不同企業的最佳實踐之道，好比CVS藥妝店的「冬鳥」（snowbirding）計畫，這是由於冬季時大批遊客會淹沒南佛羅里達州的度假區，更需要人手幫忙，因此提供東北地區兼職的年長員工屆時南下工作的機會。全球企業會員創立的世界大型企業研究會（The Conference Board）發起熟齡勞動力倡議（Mature Workforce Initiative），提供各種最佳實務的資料庫，涵蓋主題包括年長員工繼任計畫、訓練年輕一線經理人管理年長員工，以及友善面試年長員工的做法等。

七、敦請貴公司執行長強調年齡多元化的重要性

三十一歲的亞倫・萊維（Aaron Levie）是企業雲端數據管理商盒子（Box）共同創辦人暨執行長，也是幾位掌管企業市值超過十億美元引人注目的千禧世代領導人之一。在線上客戶關係管理商銷售力（Salesforce）的大型年度會議造夢力（Dreamforce）講台上，萊維談到混合

年輕與資深員工的做法，公開肯定年齡多元化創造健康、高成效的動力。「你總會希望製造出一種有些員工曾經體驗過的張力，當你有一些新穎的點子，你會想試圖將兩者混在一起。這時你就真的打造出實質的破壞式創新。」

萊維體認到，盒子從大齡員工的身上獲益良多，他們待過軟體大廠甲骨文之流的公司，因此深諳業界客戶的傳統銷售流程。但他會將他們與年輕的理想主義者配對。他繼續說：「對經驗老到的員工來說，真正的重點是要明白，他們加入了一家採取截然不同做事方式的初創企業。就舉盒子為例，我們打算進攻並顛覆內容管理服務產業，已經招募一批具有豐富市場經驗的領導人，但是他們都理解，這個產業在雲端和行動時代將被重塑。」這番話正是我這名長期浸淫傳統飯店業的主管，轉行到 Airbnb 後必須銘記在心的提醒。

英國牛津大學的分支機構動物動力（Animal Dynamics），是由共同創始人兼執行長艾利克斯・卡西亞（Alex Caccia）負責營運，他很快就注意到，自己很喜歡自家公司裡近四分之一工程師和顧問都已年逾六十五歲這項事實，因為它創造一種比較輕鬆、成熟的工作環境。他引用一個例子，有一名工程師即將年滿七十歲，他記得自己讀過一篇一九五〇年代的論文中有一道類似的設計問題。艾利克斯告訴我：「年輕的工程師看到比他們年長幾十歲的前輩依舊保有好奇心，還會被好玩的問題及疑惑燃起興趣。這一幕真是太鼓舞人心了，有助你明瞭這份工作可能是一項天職，而不只是趕快公開上市賺快錢的途徑。」

Airbnb 執行長布萊恩．切斯基一直以來都公開呼籲一點：我們最有績效的家庭共享房東，恰好是年逾六十歲的單身女性，這對一家象徵新千禧世代共享經濟的公司來說頗出乎意料。他也舉雙手支持延攬黛比與麥克．坎培爾進入總部、擔任為期十週的高年級實習生，全心「為顧客發聲」。這對夫妻住過許多不同類型的 Airbnb 民宿，因而被《紐約時報》封為「資深流浪漢」。當一家公司的高階領導人，尤其是年輕的科技公司執行長，對內、對外都張臂擁抱年齡多元化時，便是朝全世界傳遞正面訊息，足以鼓勵其他領導人也起而效尤。

六、創造促進指導和逆向指導蓬勃發展的條件

代際聯盟的核心文化，是珍視其中的斜槓樂齡族。我們需要改變原本的物理原則，這樣智慧才能雙向流動，有時是由上而下，有時則由下往上。實際情況常常正如你在前幾章所讀到，這種由下而上的智慧轉移，意味著協助數位原生世代知道如何去指導那些年屆四十歲以上的族群更有效地使用智慧型手機，或是解釋社群媒體新網站的來龍去脈。協助企業處理世代分歧的

諮詢顧問商橋接（BridgeWorks）執行長黛博拉．雅畢特（Debra Arbit）說：「千禧世代畢竟是在使用電腦的環境中長大，他們是『天生的顧問』。」《紐約時報》的報導引述她的說法：「美國的年輕員工原本就是自家裡的科技顧問，所以這是一個他們極為樂意扮演的角色。」

近二十年前，時任美國電器設備商奇異（General Electric）執行長傑克．威爾許（Jack Welch）將公司變成第一家宣傳逆向指導計畫的典範，正式明定相關規則，至今仍有些公司會仿效當年做法。保險商哈特佛（Hartford）的「逆向指導計畫」（Reverse Mentoring Initiative）大獲成功，多虧這套多世代協作模式，有兩項專利被正式寫入檔案中。英國的巴克萊銀行（Barclays Bank）為年逾五十歲的員工打造專屬的「大無畏學徒制」（Bolder Apprenticeship）計畫，讓年輕同儕可以重新培訓他們學習新穎技能。全球最大軍艦製造商亨廷頓英格斯工業（Huntington Ingalls Industries）共擁有二萬二千名員工，其中三八％是嬰兒潮世代、四〇％是千禧世代、二〇％是X世代，因此它為各種不同年齡的員工提供代際指導計畫，並同意任何年齡的員工都可以進入官方認可的學徒學校（Apprentice School）。前一陣子，ＩＢＭ才找出公司內部可能因為退休引發大規模人才流失的領域，隨後便打造一套為期六個月的「指導庫」計畫，以便加速深化組織智慧的進程。

就我的視角來看，橋接各個世代最有成效的時機，是在非正式情況下發生，而且要能融入公司的價值觀和文化中，因為這樣感覺更有自主性，也少有刻意安排的味道。我發現，年長與年輕員工互相學習不同主題的事物，這種互相指導可以創造更富動感、更有趣的關係；我的強項可能正好是他們的弱項，反之亦然。企業能夠促成這類關係的做法之一，就是連結剛加入公司的菜鳥和「新人好夥伴」，鼓勵新進人員挑選一名可能來自不同世代的同伴。有鑑於這些一開始就志願成為夥伴的員工或許懷有成長或學習心態，他們雙方有可能演化成持續數年的成熟連結關係。麗茲．魏斯曼在著作《菜鳥聰明人》中舉例，英特爾打造一套內部網絡，根據參與者的共享利益提供跨州及跨國的導師媒合選擇。

五、協助員工實現財務安全的退休計畫

你是否就財務和社會面向為員工做好退休準備？只有極少數的公司已調整好員工教育，能夠滿足高齡化勞動力日新月異的需求。二〇一七年八月，非營利組織泛美退休研究中心（Transamerica Center for Retirement Studies）公布年度雇主計畫與員工需求檢視報告，八一％的公司表示支持年逾六十五歲的員工，六九％的雇主知道員工過了六十歲仍必須工作，因為

他們的積蓄尚不足以支應退休生活。然而，這些企業裡只有三一％提供全職、兼職的選擇彈性；僅二七％雇主鼓勵員工參與接班計畫，以便緩解未來退休的財務問題。許多雇主不提供兼職員工四〇一K退休金制度的福利，儘管他們視資深員工為培訓的良好來源，也是公司出現兼職高峰需求時的支持力，但顯然是說一套、做一套。小企業格外如此，它們自覺有責任協助員工實現財務安全退休計畫的比率，僅為大企業的三分之一。

所幸，以下提供一條雙贏道路：對忠誠的資深員工來說，逐漸退出職場通常是財務和情感層面最佳解決方案；接近退休大關人士希望雇主提供的清單選項中，彈性工時安排通常是首選。對雇主來說，這也是一種妥善的處理方式，確保長久以來已經制度化的知識，不會每個月都隨著傳統的「說走就走」退休方式乍然消失。有許多最佳實踐可以解決它：贊助創新的退休前計畫，協助退休員工知道自己仍是「企業之友」，每逢旺季時可以出力支援；或者像鋼製文件櫃供應商世楷（Steelcase）、加州健康組織施貴普健康照護（Scripps Healthcare）之類雇主歷來的做法，刻意打造階段性退休計畫，以便管理退休基金，好讓兼職員工也可以獲得全額工資和福利；或者就媒介員工轉去安可這類機構，讓他們可以繼續賺錢，並將自己精熟的技能應用在非營利機構與社會企業中。

四、制定雇用年長員工的計畫

對那些正在尋找一窺未來人口警報畫面的人來說，不妨研究一下日本，這個國家的失業率低於三%，企業不得不縮短工時、服務，或由於勞動力短缺必須延後擴張。越來越多企業遭逢員工離職率飆高，夠格的職缺候選人卻少得可憐，因此在聘雇與升遷時都優先考慮經驗與年長員工的技能，同時也將一些校園招募資金移轉至鎖定五十多歲族群的相關計畫。還有一些招募機構開始專門尋找年長員工，其間的好處多多：由於候選人實際上就是想找一份工作，而非到處「廣撒」履歷，因此更可能一口答應薪資條件，招募也將更有效率；一大票受過教育的員工，而且是不會逐水草而居、情緒管理得當的團隊成員，甚至具備領導特質與諮詢技巧；數量可觀的導師與標竿人物，願意在景氣衰退期間開放接受彈性工作調配。對企業來說，這些還都只是無數好處其中的一、兩項。

許多企業也正積極招募退休或半退休員工，成為兼職夥伴或旺季時能支援的員工，而且已不僅止於博物館導覽員、交通導護這種傳統印象中與年長員工畫上等號的職缺。舉例來說，美國最占主導地位的電商亞馬遜，經常會在銷售旺季、假日高峰期面臨嚴重的人手短缺問題。由於它的三分之一營收都集中在第四季，缺工需求遠遠超過穩定的人力需求，因此大約十年前它就開發出一套名為「露營族勞動力」（CamperForce）的聰明計畫，看上那群駕著休旅車周遊全國的退休人口。這些行動車遊族非常適合滿足亞馬遜有求必應的需要，所以露營族勞動力的招募成員就遠赴十多州展開偵查任務，在黃石國家公園、露營房車發源地亞利桑那州水晶鎮（Quartzsite）這些普遍受到車遊族歡迎的據點，架起招募服務台。每年都會有成千上萬名車遊族在這裡紮營過冬。「露營族勞動力」可以在二〇一七年九月十四日出版的《連線》（Wired）雜誌看到。

其他諸如輪胎公司米其林（Michelin），則是制定「退休返聘」（Retire and Rehire）計畫，提供長期服務多半年逾六十五歲的員工，退休後願意在旺季期間出手支援的機會。市面上還有一些銀髮銀行（Seniorbank.org）之類的職業機構，媒合雇主與五十歲、六十歲甚至七十多歲的兼職或全職員工。

總部位於康乃狄克州的郵件系統公司必能寶（Pitney Bowes）全年雇用全職員工，不採用旺季招募，約莫二〇％員工的年齡超過五十歲。必能寶鎖定年長員工的原因，完全和本書所列舉的理由相同，就是視他們為成熟的招募人口群。正如《管理年長員工》所說，必能寶制定一套「我的下一階段（My Next Phase）」計畫，協助員工思考未來轉型；它也推出退休教育協助計畫（Retirement Education Assistance Program），協助年逾四十五歲員工上課規劃退休大計。雖然必能寶做這些事曾獲頒獎項，但其實它並非為了從美國退休人員協會基金會之類的組織手中贏得大獎；它願意這麼做，只因為它是一家聰明的企業。

三、重新思考你的生產力定義，並為斜槓樂齡族創造二〇%時間

我們仍然具備工業時代的生產力思維：一名員工是否能以最低的潛在間接成本，快速生產出多少優質物件。在某些公司裡，這種做法等於是懲罰忠心耿耿、經驗老到的員工，因為他們待得久，加薪增幅大。然而，他們對生產力的影響，可能比計算「物件」數量更全面。越來越多數據顯示，多虧年長員工的建議和指導，促使年輕員工的生產力提高，可能的離職率也因而降低。還有一點也在意料之中，有鑑於他們樂意協作，好些大範圍的員工調查顯示，年長員工比年輕同儕傾向肯定答覆「今天工作時是否協助任何人？」這項問題。因此，現在是我們應該找出一項衡量老經驗員工附加價值指標的時候了。

雖然開發反映這些影響力的生產力量測工具頗有難度，但有些替代選項足供考慮年長員工附帶的團隊效益。其一，你的員工滿意度調查可能會詢問，對整體績效而言，哪些團隊成

員價值最高。有些公司會要求員工依照合作的程度為團隊成員排名，甚至你也可以採用員工調查來協助找出足以擔綱非正式顧問的斜槓樂齡族，探問員工「除了直屬老闆或團隊成員之外，你會尋求公司內部哪一位同事提供有益建言？」或是「全公司裡誰是智者的標竿代表？」

由於斜槓樂齡族對年輕同事產生正面溢出效應，我覺得現在正是參考 Google 員工手冊的好時機，特別是已成為當今蔚為美談的二〇％法則。考慮到這家企業的文化是以工程為導向，加上創新往往發生在工程師於工作中探索自己熱愛的計畫，Google 普遍推行創意點子：獲得批准的技術人員得以撥出二〇％時間，花在他們選擇的探索性計畫。何不也提供組織內足以擔綱斜槓樂齡族的員工二〇％時間，讓他們專注扮演年輕領導顧問的角色，從旁協助指導他們的成長和效能？在某些情況下，理解獨特公司動態而且每個工作日都隨喚隨到的內部教練，遠比每隔一週或一月才進辦公室的教練更有效用。

《培訓雜誌》（Training Magazine）報導，人資部門主管認為多數大企業會得到二十一種不同的培訓形態，其中以企業培訓和指導課程最有效，但外部教練也占年度企業支出超過十億美元。你能否提撥一點預算給一些經驗老到的領導者，同時也為他們另闢多采多姿的全新職涯之路嗎？

當然，還有各種細節必須考慮在內，你將需要提供培訓和工具才能協助這些內部教練取得成功，不過這些人正在擔綱非正式兼職諮詢工作的機率應該滿高的。我想了一下，姑且這樣說吧，如果我在 Airbnb 的全職工作量可以減少二〇%，我可能會願意待得更久，繼續扮演我在第七章所談到的企業圖書館員與密友角色。

二、適應高齡勞動力

數字不說謊。二〇〇二年，二四・六%的美國勞動力年逾五十歲；二〇一二年，這個數字已經成長到三二・三%；二〇二二年可能會爬到三五・四%，十年後則可能接近四〇%，因為更多的員工從事全職工作的時間更長，而且越來越多的員工期望可以兼職工作到七十歲。你身為雇主，怎麼做才能適應這項趨勢，確保職場有益長者、讓他們覺得自在舒服？況且，四〇%美國雇主都說填補就業不容易，你又如何改進既有的職場環境，才能不重度倚賴新聘員工，同時又能善用這支人數日益龐大的老經驗員工？你是否考慮過輪調職務或影子計畫（shadowing program），*好讓現有的員工可以輕易地切換到新職務？

* 譯注：影子計畫是指讓學習者貼身跟隨被學習者行動的工作型態，以便學習者及早上手新工作。

我們可將德國等其他國家當作借鏡尋求靈感，因為它們的員工梯隊加速老化，必須比美國提早適應。二〇〇七年，南巴伐利亞州一家ＢＭＷ工廠的管理階層面臨這樁事實：估計十年後整體勞動力的平均年齡將從三十九歲攀升到四十七歲。所以這些ＢＭＷ管理階層決定要測試一下，二〇一七年的生產線在這十年間將如何運轉。測試項目無所不包，從打造混齡團隊以確保代際多樣性，到安裝一系列更妥善滿足年長員工需求的人體工程設計——更舒適的椅子與工作台、更亮的燈光、更多減緩衝力的地板，以及更易閱讀的電腦螢幕等；它們也舉辦講習班，讓年長員工有機會解釋，對他們來說最重要的事情是什麼，以及哪些條件會促進他們達成最佳產出。這些調整適應空間、更多健康和安全培訓，再加上改進團隊內部關係的做法，最終提高生產率達七％、減少缺失，而且員工身心更健康。

同樣的，瑞士最大零售商米格羅（Migros）的員工總數占全國人口一％，也為雇員提供更適齡的工作。舉例來說，若有一名在倉儲工作的六十多歲員工可能無法靈活自如地執行職務，它不會下令開除，反而將對方調至屬於定點工作性質的客戶服務關係部門，以免長時間站著幹活。同理，萬豪國際的時薪員工彈性選項（Flex Options for Hourly Workers）方案也教育年長員工新技能，以便協助他們從需要過度耗費體力的職務轉出。

最後，正如本書一再耳提面命的做法，雇主可以正式訂定教練或導師的角色，以便適應不斷變化的職場人口分布。舉例來說，好友凱倫・維克爾告訴我，有一名資深主管特助在一家大企業擔任付費導師和倡導者，為一大票主管特助上課。學徒制計畫不僅提供斜槓樂齡族一種傳承技能、智慧與組織知識給新世代的管道，更確保就算關鍵員工退休，智慧和知識仍繼續留存在公司。

未來就在眼前。現在正是創造斜槓樂齡族新職位，讓他們與其他人分享所知所學，也讓你掌握更高的投資回報率的好時機。

一、為你的員工和客戶打造長壽策略

讓我把話說開來吧。大多數公司思考自家員工組合或客戶生命週期時，都還停留在二十世紀模式。正如本章前半部分所述，提出多元化和包容性策略的企業，都發展出超越性別和種族／民族人口統計範圍的策略，但其中僅有八％將年齡視為整套策略的面向之一。顯然，這些公司還沒有讀過這本書，但你卻讀過——現在正是你打造一套全面的企業長壽策略的好時機。

什麼是長壽策略？不妨想成另一項方興未艾的商業機會，就像是日益增加的亞洲中產階級。倘若你是一家跨國企業，卻還沒制定亞洲策略，那你就是別人眼中的蠢蛋。同理，若是談到多活十年，便意味著員工守在工作崗位上的時間更長，顧客會在中年時期就花錢購買往後人生所需的產品。你能為這些年長員工或顧客提供什麼創新點子，好讓自己可以從競爭對手之中脫穎而出？

光是制定一套讓有經驗的員工優雅退場的計畫遠遠不夠，著重於招募、挽留和參與感，可以讓你的人資團隊從戰術地位升級到策略地位。本書充分舉例闡述各種實踐之道和方案，足供你納入計畫考量。根據二〇一四年人力資源管理學會（Society for Human Resource Management）調查人資專家的結果顯示，僅六％受訪者表示他們確實推行與高齡化勞動力相關的全面性政策和做法，但同時有七三％受訪者認為，未來十年或二十年內，年長員工的退休或離職將會演化成「危機」、「問題」或「潛在問題」。

尤有甚者，如果你的核心客戶將比過去幾個世代多活十到二十歲，行銷團隊該如何重新思考他們的終身價值？毫無疑問，年長員工理解年長客戶。我在Airbnb目睹過，某個千禧世代設計師曾建議「早就沒有人在用筆記型電腦了」，所以我們應該只設計行動載具的格式就好。但是我知道行動載具螢幕上的字體實在過小，讓高齡房東望之生畏，所以這些人直到去世那天為止，都會繼續使用筆記型與桌上型電腦。我很自豪，Airbnb 儘管被視為典型的千禧世代企業，但我們會全面思考我們與房東、房客之間的關係，以至於在推廣行銷內容時，也會考量到所有人，而非僅限四十歲以下的年輕人。我們也為全球最有成效的房東都是年逾五十歲的族群深感驕傲。

底線是：你的長壽策略不僅是一套自我感覺良好的辦法，它還是出色的商業策略。

∴ 高齡化是不是公司的盲點？

我打從三十多歲就開始擔心禿頭了，遺憾的是，許多千禧世代的商業領袖關注自己頭皮的程度，可能遠勝關注公司的盲點。年輕的創辦人和領導人經常不會為年長員工著想，或許是因為：會讓他們想起自己的父母；也可能是人生大限；也許是他們周遭沒有任何提供他們理解中年人生的脈絡可循；還有當多元化浮現檯面成為話題時，性別或種族多元化會是優先考慮的面向，因為這樣比較酷也比較政治正確。乍看這似乎還算公平，因為老實說，年長員工在年輕時也曾獲得機會，但是女性與有色族群鮮少得以躋身統治階級；此外，年齡歧視是一種相對較新的現象。就讓我們先解決另外兩種制度偏見吧。

不過，這是一種零和思維。不受束縛又毫無自覺的偏見，會像癌細胞一樣繁殖擴散。人們之所以會採取「我想和同類型的人共事、做生意」的狹隘觀點，其實是從原本立意良善的「她契合我們公司的文化嗎」，一路滑坡至系統性的排拒與歧視。除非你打算只雇用一名員工，也就是你自己，否則你和你的公司就必須在包容性思維中更開放、更不受限。我誠盼，既然你已經閱讀本章，就會明白「經驗紅利」是貨真價實、隨手可得的資源。那麼，你還在磨菇什麼呢？

第10章 賢哲時代

「我永遠都是自己曾經有過的樣子。因為我曾經是個小孩，我就永遠是個小孩；因為我曾經是個追根究柢的青少年，情緒多變、狂喜交加，這些特質是我的一部分，永遠如此；因為我曾經是個叛逆的學生，那副高喊改革的學生形象將永遠與我同在。但這並不表示我應該被侷限在任何一段年齡中，它們永存心中。若硬要忘記，那將形同自殺；我的過去塑造成今日的麥德琳，不容否認、拒絕或忘記。」

——美國作家麥德琳．蘭歌（Madeleine L'Engle）

「鬍子讓我看起來顯老嗎？」

「不會啊，親愛的，它讓你看起來像賢哲。」我和大文豪海明威（Ernest Hemingway）一樣留了滿臉灰色落腮鬍，好友文妲第一次看到我蓄鬍時如此回應。當時是二〇一六年夏天，我從Airbnb的全職工作轉成兼職，剛結束在圖倫的演講行程。我之前去南下加利福尼亞州待了幾週，不斷在精神層面上灌溉斜槓樂齡族的意涵；雖然我才剛回來，卻感覺自己比這幾年來更年輕、更明智。我曾經和許多人一樣努力地隱藏年紀，現在已能十分坦然看待，或許有點灰髮才是斜槓樂齡族向全世界宣布他們喜獲智慧的方式。我們外表看起來是老了，但真正的禮物只有自己知道，深植我們的心靈深處。

我寫書、演講主要是因為這兩者都能協助我理解人生，也希望藉此我能將智慧傳授他人。我沒想過自己在Airbnb的時光有可能化為一本書，但我任職幾年後開始「孕育」這個點子：職場中開始萌現斜槓樂齡族這個新角色……而且時機正好。我初進公司那段時間，就像是Airbnb的中年實習生，不管看到或經歷什麼，都讓我目眩神迷又茫然失措，因為在尋求一串連貫的思想過程中感覺自己亂成一團。不過我很快就釐清自己所學、感受與經歷的一切，並認知應該對外分享。所以我猜，這本書是我採用自己的方式對「共享經濟」做出貢獻。此刻，在我全盤托出關於如何在工作中利用、獲得智慧益處的所有實用建議之後，只想再給你一些更真心不騙的忠告。

如果你的年紀和我差不多，大有可能再多活個三十、四十年；如果你也和我一樣可能想要過一段豐富又有意義的漫長人生，我學到了一件事，亦即活得多采多姿無關銀行對帳單上的淨值，而是與你為那些想要向你學習的人提供的經驗有多珍貴息息相關。

我喜歡以下這則精妙的非洲諺語：「當一名長者去世，就像一座圖書館付之一炬。」許多土著社區無法想像，沒有長輩的文化如何延續，就好像我們很難想像，當生活中沒有書籍、音樂或電影一樣。在數位時代，圖書館和老年人不像過去那般受歡迎，但兩者都是跨年齡傳授智慧的重要管道。如果你敝帚自珍，智慧就隨著你入土為安；但如果你將這份歲月之禮分享給下一代，你的智慧永不老。

你活的時間越長，就越有機會留下遺產。如果我們選擇成為長者，現在我們就在型塑自己成為長者。

∴智慧永不老

「當我聽別人的故事時，聽到他們渴望有捨有得。他們既是老師也是學生，渴望建立互惠互利、有捨有得的關係。他們將智慧和經驗遞送給下一代，期待獲得年輕的洞察力和觀點當作回報。」

——莎拉．勞倫斯－萊富（Sara Lawrence-Lightfoot）

人們常說，青春，都被年輕人浪費掉了。*這是不是也意味著，智慧，都給老年人浪費掉了？這一切都取決於我們如何選擇過完下半生：表達感激還是追求滿足？適性發展還是自我局限在陳規定型觀念或社會規範？努力求取並分享知識還是累積物質報酬？

「學無止境（Ancora Imparo）」，這是義大利藝術家米開朗基羅（Michelangelo Buonarroti）年近九十歲時刻在工作室門上的標語。我們都需要這句提醒，不是嗎？成功的華爾街交易員伊萊．席爾（Eli Scheier）在四十六歲時切身體驗到了。他畢生沒有犯罪紀錄，卻因犯下持有毒品的不法行為，被關進農村監獄二十四小時，度過一個反思靈魂的暗夜。他意識到，自己老在追尋某樣東西，卻總禁不起考驗。

伊萊離開紐約的高薪工作，移居以色列想找出內在的智慧。他成為照顧三百隻綿羊的牧羊人，研究卡巴拉（Kabbalah）這種猶太教神秘主義課程，並與大自然重新連結探索其中真義。他搬回美國時，在紐約州北部打造一座有機蔬菜農場，「園丁」之名廣為人知；現在他身兼瑜伽老師與臨床心理學家，專長是調適精神和身心健康，將種子植入人心。不過，伊萊出類拔萃之處在於，他明瞭小種子長成大樹就是天命，園丁只是創造適合種子發展潛力的生態。伊萊協助人們看清自己內心都埋藏著智慧的種子。

在命運的安排下，伊萊輾轉搬到圖倫，二〇一六年參加過我自詡斜槓樂齡族身分所發表的第一場演講。那年伊萊已經五十多歲，人生再圓滿不過；他既是導師也是大好人，體現我在第八章結尾處所言：善用個人智慧，協助重新點燃他人內在精神的人。伊萊的每一封信結尾處都會附上這句馬雅古諺：In Lak' ech hala Kiin，意指「我是另一個你」。他告訴我：「我遇見的每個人，都是我一生中某個時刻的模樣。」這句話反映出斜槓樂齡族的另一項特質……

* 譯注：語出愛爾蘭作家王爾德（Oscar Wilde），原文為：youth is wasted on the young。

同理心。

心理學家維克多．法蘭可（Viktor Frankl）曾寫：「刺激和反應之間尚有一處空間，在這裡，你有選擇如何回應的能力；你的回應則象徵你的成長和你的自由。」智慧棲息這個空間裡，長者可以從此刻開始稍退一步，以便修正自己的觀點。但是，當他們選擇與他人分享觀點時，真實力量就會無形釋放。

我們大多數人都會漸漸意識到，隨著年歲增加，越不需要證明自己，因此也就越能掙脫慣例束縛，享受越多自由。伴隨這種自由而來的就是生命賦予的能量，這是一種無可爭辯的慷慨精神，也是一股提供回饋的深切渴望。

作家艾倫．奇南（Allan Chinen）曾寫，那些進入人生下半場的人，都「帶著晚年生活的超然靈感協助下一代」。到了這把歲數，長者就好像進行第三輪換牙，這指的是像編輯一樣將無關緊要的元素從所有事物的靈魂中抽離出來，成為一位可以立即區分事物輕重緩急的賢哲。我們這些長者在日常行為中體現靈性的抽象真理，放手小小的不滿，同時專注感謝生活中所有的靈感。這是為什麼你的聲音、精神與牙齒（假設還沒掉光光……呵呵）比以往任何時候都更有存在必要。

∴ 活更久有何目的嗎？

「我們的長壽一直都存在、有其意義，而且還能創造價值，因為它提供人類改善各種年齡層生活的機制。這套機制是一種團結所有世代的互惠關係模式。長者與他們所處的老齡期遠非這個社會昂貴的剩菜，而是對所有人的福祉至關重要。」

——老年醫學專家比爾．湯瑪斯博士

作家賈德．戴蒙（Jared Diamond）說，社會對待長者的方式，與他們被感知到的有用程度有關，也就是說，他們越有用，就越獲尊敬，也就越能融入社會結構中。歷史上，老人家的用處與他們判別作物和天候模式、從特定來源獲得並烹飪食物、精明地與其他部落交易、為村落兒童講故事並照顧村落孫子輩的能力有關，當然還包括編籃子的手藝。

在西方，大多數這些技能已不被重視，但毫無疑問，尚有許多兒童需要關愛、花園需要照顧、更多故事等著傳述。晚年並不必然是無用的同義詞。發展心理學家艾瑞克．艾瑞克森認為，每個人的晚年都是一段能將一生經歷交融為一體，當成完整禮物送給年輕人的時光。

斜槓樂齡族不必然懂得編籃子，但我們都是人生織布工。當年輕人搜尋更多人生意義時，對這個社會來說，我們的禮物也就更形珍貴。瑞士心理學家卡爾・榮格（Carl Jung）說：「沒有人能夠忍受毫無意義的存在。」隨著下半場人生將比前一個世紀延長幾十年，現在正是探索長壽對於現代世界的意義和目的的好時機。

二〇一六年，尊者達賴喇嘛與美國企業研究所（American Enterprise Institute）主席阿瑟・布魯克斯在共同執筆的《紐約時報》專欄中列舉一場實驗，強調研究人員發現自認對他人毫無幫助的老人早死的機率，比自認有貢獻的族群高出近兩倍。「這項研究結果揭示一道更為普遍的人類真相：我們都需要被他人需要。」達賴喇嘛總結。

約翰・S・墨菲（John S. Murphy）與費德利克・M・哈德森（Frederic M. Hudson）在合著的《長者的喜悅》（The Joy of Old）中建議，人生有三大高峰：就生理而言，發生在二十出頭歲；就經濟而言，可能發生在四十多歲或五十多歲；就人性本身而言，發生在下半場。在我們的生理高峰期，指的就是我們的身體；在我們的經濟高峰期，指的就是我們的工作；在我們的人性高峰期，指的就是我們自己。社會判斷進入人生下半場的族群，往往是根據一種尊崇年輕體格、精力充沛、高收入職業的標準，但長者的真正價值卻在於其人性關懷，以及如何強化周遭人士的人性關懷。

二〇一七年，蘋果公司執行長提姆．庫克（Tim Cook）受邀參加麻省理工學院的畢業典禮並發表演講，他分享以下智慧：「我並不擔心人工智慧可讓電腦像人類一樣思考。我擔心的是人類像電腦一樣思考；沒有自己的價值觀或同情心，不考慮事情後果。」斜槓樂齡族可以為這個日趨遭受科技支配的世界帶來人性關懷。墨菲和哈德森推測：「年輕時，我們追求完美；年老時，我們追求整體性。」當我們型塑所謂的完整性時，就是在創造一個更完整、完善的社群，置身其中就會明白，日後將「更圓滿地活著、且從容地死去」。

:· 最明智的生存之道

「一旦你離開舞台，就會留下一種奇特的形象，特別是晚年時的模樣……每個人遺留的形象會在別人的腦海裡烙下一種獨特的存在與作為，並會繼續在他們身上起作用，以典範、指導與先祖之姿出現在趣聞軼事、回憶與夢想中。這是一股強大的力量，會在生者身上發揮作用。」

——心理學家詹姆斯．希爾曼（James Hillman）

艾瑞克・艾瑞克森在描述晚年時期「傳承創新ＰＫ遲滯不前」之間的戰爭時，寫下舉世名言：「我就是倖存下來的我（I am what survives of me）。」當我們超越自私需求，轉向服務比我們自己更重要的對象，無論是你的兒女、優質的友誼、你奉獻的宗教機構或慈善團體的健康狀態，或是你正在培育的年輕領導者，都是在傳承創新。我們的智慧無論以什麼樣的形式現身，都會讓我們倖存下來，就像一股超越我們所處年代仍歷久彌新的芳香氣味。

學者愛爾絲・法蘭可－布倫斯威克（Else Frenkel-Brunswik）發現，隨著年歲漸增，我們會越來越無私，一般來說會更願意付出人性關懷。她是艾瑞克・艾瑞克森的學生，協助證明，我們年紀越大，越能體驗到「擴大的社交範圍」。

一株小樹種在四周老樹圍繞的地區會變得更強壯，因為它的細根會循著老樹所開創的路徑延展。隨著時間過去，許多樹木的根鬚就會相互嫁接，交織出一道掩埋在地表下錯綜複雜、相互依存的根基，也讓森林變得更健康、更強健。人類亦然。當我們相互連結時就會變得更強大。所以，我們要如何在晚年時期打造一片更健康的「森林」？我們有意為那些落在後方的人闢出路徑；雖然我們在家裡要打點這一切可能很明確，但畢竟我們是在職場度過大部分的清醒時間，要怎樣才能做到這一點？最有成效的頭號領導人就是必須培養更多有成效的領導者，這樣想似乎十分有理，對嗎？

馬歇爾・葛史密斯（Marshall Goldsmith）博士是全世界最知名的高階主管教練之一，也是許多暢銷書的作者。他一生從事明智的導師和圖書館員，六十八歲時更清楚意識到自己將如何倖存下來。晚年時，馬歇爾回想自己的英雄榜樣，好比管理學大師彼得・杜拉克、領導力專家法蘭西絲・賀賽蘋（Frances Hesselbein），兩者都十分慷慨地教導他，從未要求任何形式的報償。因此，他決定「收養」一百名深具潛力的教練、學者與領導者，願意免費將智慧傳授給他們，唯一條件是：當這一百人自己也成為長者後，要將所學繼續傳承下去。

他稱這項遺產計畫為「馬歇爾・葛史密斯的一百名教練」（The Marshall Goldsmith 100 Coaches），亦稱馬歇爾一百，獲選進入全球「五十大管理思想家」榜單，成為商業界年度最具創新想法之一。馬歇爾告訴我：「我不像微軟創辦人比爾・蓋茲（Bill Gates）或是股神華倫・巴菲特（Warren Buffett）有大筆財富可以捐贈，但我可以奉獻我的知識。」

比爾・普拉金（Bill Plotkin）創辦阿尼瑪斯谷研究所（Animas Valley Institute），他是一位知識淵博的心理學家、作家和文化演化的代表。比爾已經指導幾千名成人進行各種以自然為基礎的靈魂啟蒙之旅，包括在阿尼瑪斯谷研究所進行的活動，即當代西方採納泛文化對自然美景的追求。荒漠與鬼魂兇猛無情，但同時又是慷慨的教師與無數智慧的源泉。當他的參與者面對自我形象與世界觀的生存挑戰時，當下所體驗到的頓悟令人驚嘆不已。

他有如滔滔雄辯般，寫下賢哲在當今複雜的現代世界中扮演的角色：「當我們與聖賢為伍，更有可能在生活中顯現出一種連貫、有意義的模式。我們自己也是其中一部分，感覺上就像是，即使我們無法讓這一切完全連貫成有系統的整體，到頭來它也會自成一套道理。聖賢猶在，我們就能再生、強壯；他讓我們的世界不再那麼令人困惑、模糊、混亂且望之卻步。」對某些人來說，比爾關於靈魂啟蒙之旅的想法可能太極端，那不妨想想你會如何創造一個適合教學的時刻，好將你所學的經驗傳授給一株幼樹（或說小賢哲？），以保你的智慧生生不息？

不同世代之間有一份不成文的契約，內容涵蓋從基因到價值觀等一切事物。我們就像是通往未來的管道，但是否曾意識到自己正如何塑造未來？每一條生命都根植於我們的祖先，你和我也都不只是正在接受訓練的老人家。我們將留給後代什麼禮物？

作家約翰．塔諾夫（John Tarnoff）在著作《嬰兒潮重新啟動》（Boomer Reinvention）中，提出了卡爾．榮格很有說服力的比喻：「想像一個晴空萬里的好日子，你站在戶外。試想你是日晷。早晨，當太陽昇起，你對著一個方向投下一道長長的影子。隨著上午慢慢過去，你的影子也變得越來越短，直到正午時分太陽直接曬在頂上，影子完全不見了。」榮格的意思是，我們活到中年可能會因為試圖活出別人眼中的形象，結果完全失去自我感。但是到了下午，根據榮格的說法，情勢改觀了，我們又開始投下影子。

塔諾夫這麼寫：「關鍵差別在於，影子往一個與上午截然相反的方向拉長。」他說，我們可以循著影子延伸的新領域前進，以新的方式重新定義自己，並朝一個深刻、新穎的方向拓展自我。「太陽西沉之際，我們就不再投下影子，而是融入黑夜。我們已經完全開展自己，創造一段全新人生，足以反映我們從學習者和實驗者轉變成探索者和發現者。」

這段描述適切表達我從裘德威執行長轉型成 Airbnb 斜槓樂齡族的過程，也提醒我心理學家G．史丹利．霍爾（G. Stanley Hall）所描述的長者人生：「我們很少再熟練掌握任何東西，直到影子開始往東傾斜，整整一季或一段因人而異的時限，隨著影子拉長，我們的力量也開始增強。」

∴從曾經如此到未來如此

「下午知道早上從未懷疑過的事情。」（The afternoon knows what the morning never suspected.）

——瑞典諺語

我們不會哀嘆那些隨著時間過去便逐漸浮現在偉大的建築奇觀的可愛缺陷；我們不會擔心自然老化的地標表面出現皺紋，好比海邊懸崖的裂縫或林中高聳樹幹表面的節結；當舒適的皮椅慢慢褪成破舊可愛的古色時，我們也不會感到痛心，那為什麼我們千方百計想要掩飾自己的老年斑和瑕疵呢？你因為長年經歷而形成的神態可能像逐漸碎裂的馬雅神廟外觀，或是加拿大冰川的峭壁一樣引人入勝。沒錯，這些生理標誌是我們不再年輕的象徵，但隨著年歲增長，我們應該以平常心看待每一件事，包括時間流逝。

當我還是青少年時，十三歲和十九歲之間的差異，似乎與大峽谷（Grand Canyon）的裂口一樣寬到不行；但是兩名五十多歲的斜槓樂齡族如果相差六歲，卻像是四捨五入的算術錯誤而已。到了這把年紀，這些微小的差異不再顯得遙不可及，實際上還會讓我們彼此連結更深刻。

我總是專注於下一步，因此一直被稱為「永遠的千禧世代」。我不介意勇闖未知世界，管它是全然陌生人的房間或某一座城市的暗黑巷弄，因為我看到的不是危險，而是意外發現珍奇事物的可能性。過去早已為我的未來做好準備，或許它可說是神聖的干預、一種調和的技巧，也可能僅僅是一股近似宗教的信念，但無論如何，我總是在生活中為意外發現珍奇事物的可能性創造一處空曠、未知的空間，就像我在後裘德威時代所體驗的生活。對我這個以往相信唯有將行事曆填滿才代表人生有價值的人來說，這是一道激進的改變。

我們之中誰不曾回顧過往？偶爾反思是很自然的事，但是過多的懷舊反思、渴望體驗熟悉，卻可能促成一段深陷「曾經如此」的病態關係。其中的困難在於，超越我們的歷史感和自我感覺重要的心態，並敦促自己移向新棲地，因為那裡有人希望從我們的過去汲取智慧，我們在此也可以帶著樂觀和期待往前看，並與未來開展一段新關係。雖然我們的身體可能會有點僵硬老化，心靈卻能在更廣闊的宇宙狂野起舞。或是正如瑞典傳奇女星英格麗·褒曼（Ingrid Bergman）所說：「變老就好比是爬山，你會有點喘不過氣來，但視野美多了！」

在山頂上，你不僅會看到「曾經如此」，但除非你真心「想要」，才能看到「未來如此」，而且周遭其他人也都是抱著「未來如此」的心態。作家泰瑞．瓊斯（Terry Jones）在著作《長者：身為長者的心靈選項》（Elder: A Spiritual Alternative to Being Elderly）中建議，我們都有一個「不曾體驗過的生活箱」，幾乎就像是來自未來的時空膠囊，我們都想保留到老了才打開來看。誰可以協助你探索那個等著有緣人的「不曾體驗過的生活箱」？

如果你是父母，答案顯而易見就是你的兒女；如果你夠幸運，或許會在晚年喜迎第二春，最後幾年還可能有人在旁照料。蕊貝卡．丹妮潔莉絲（Rebecca Danigelis）七十五歲時覺得自己是「曾經如此」類型的人。她奉獻飯店業五十年，期間從未耽誤過任何一天的工作，結果仍遭無情解雇。蕊貝卡是個單親媽媽，憑著在飯店房務營運與管理部門支領的微薄薪水，獨力扶養一雙兒子成年。其中一個兒子尚－佩雷．雷吉斯．（Sian-Pierre Regis）知道自己的母親不是「曾經如此」類型的人，但因為她已把一生奉獻給兒子和工作，因此從來沒有餘裕夢想「未來如此」。她丟了飯碗以後，為有線電視新聞網（CNN）撰寫娛樂和千禧世代議題的尚－佩雷，鼓勵母親參加「一路玩到掛」（bucket list）的冒險活動，一一核對自己一直以來想做的事……像是到佛蒙特州擠奶、在夏威夷跳傘、與女兒團聚，還加入影音分享網站Instagram。現在她在此處擁有七千名粉絲，遠比善於經營社群媒體的兒子還要多。

尚－佩雷和蕊貝卡在群眾籌資平台 Kickstarter 發起一場成功的活動，為這趟一路玩到掛旅程募資，結果很快就成真。他們拍攝一支概述這趟旅程的簡短影音檔案，已經在臉書吸引近四千萬次點閱率；這支名為《免稅》（Duty Free）的電影，將在二〇一九年的電影巡迴展上映。我迫不及待想看這部電影，因為主題與本書非常吻合：斜槓樂齡族和千禧世代之間分享智慧；人生下半場仍對未來充滿希望與期待的觀點；任何人都可以重新奮起開展成功「第二春」的事實，而且還有人從旁協助向社會各界張羅財務安全，否則老人家很難在日益收緊的安全網中獲得資源。

像蕊貝卡這樣的斜槓樂齡族慢慢領悟，人生是一連串的門檻、過渡和改造。我們實質上不停歷經死而後生的過程。或者就像日本人常說：七倒八起（七転び八起き）。

如果你會活到九十五歲，總共大約呼吸七億九千八百九十一萬二千次，但有多少人真的想過這件事？如果你知道自己已經呼吸七億九千八百九十萬次，只剩下一萬二千次，你會想要過一種不一樣的人生嗎？當你擁有的時間越少，隨著呼吸次數過去，你越不會為此焦慮不安。當我們即將步入人生終點，就越不會想到時間飛逝，而是一再想著如何善用分分秒秒，甚至會想像在墓碑上題上什麼樣的「未來如此」。我希望我的墓碑上會寫：「帶著感恩與勇氣熱情過生活……依次排列。」你呢？

∴「你一看到就會知道」

「領導力就像美感，難以定義。但你一看到就會知道。」

——華倫・班尼斯

我在南下加利福尼亞州生活一段時間，期間大量閱讀，對寫這本書深具啟發意義。我躺在海灘上閱讀學術著作《智慧手冊》（Handbook of Wisdom）。沙灘、海洋，加上融合各種智慧定義的學術辯論，這一幕充滿違和感。當然，書中沒有單一、明確的定義，但我欣賞其中一位學者的建議，引用一九六四年最高法院定義淫穢或色情的同一種語言來定義智慧：「你一看到就會知道。」斜槓樂齡族的智慧可能稍微難以理解，但我們一看到就會知道。

身為斜槓樂齡族的部分責任是，當我們看到年輕人乍現萌芽的智慧就認得出來。我任職Airbnb期間，十九歲的尼克・狄愛羅西歐（Nick D'Aloisio）可能是創投業者注資的全球最年輕科技創業家，他曾以「駐點企業家」（entrepreneur-in-residence）的身分加入我們幾個月。唱片公司尋找擁有天籟美聲的天才青少年，NBA球隊則是物色可以穩定跳投型的年輕籃球運動員，但這種做法在商界歷史中還很少見，不過尼克身上的潛力不難一眼看出——不僅是因為他在十七歲就將自己創辦的第一家公司賣給雅虎（Yahoo），獲《華爾街日報》授予「年度創新者」大獎，他還入列《時代》雜誌的「百大人物」榜，表彰為全世界最有影響力的青少年之一。

蘇格拉底認為，智慧的定義是能夠看清自己知識的局限性。對於許多年輕企業家來說，這道概念很難理解，特別是如果他們在二十多歲或三十多歲時就躋身人生勝利組，而尼克比那個年紀更幼齒。傲慢和無知聽起來意義相當，在許多年輕的科技公司裡看起來也差不多。但我馬上就看得出來，尼克不在此類。

尼克實際上遠比外表聰明，或許部分原因是他正在攻讀電腦科學和哲學。我們身為斜槓樂齡族動不動就抱怨，隨著整體社會越來越依賴科技，權力將繼續流至年輕人手中。不過我和尼克幾次簡短的一對一談話後，對我們下一代領導人的信心卻比以往任何時候都更高昂。眼前這名年輕人儘管年紀輕輕，涉獵的各種主題卻遠比我廣泛，但他同時又對我所能提供的無形智慧大表讚賞、求知若渴。尼克和我都洗耳恭聽彼此發言。

在某些非洲部落社會中，「年輕」這個字眼被解讀成「還處於微濕狀態」，亦即生嫩、未經測試，但又柔韌充滿潛力。你可以說，斜槓樂齡族在職場能留下來的遺產，在於協助這個「微濕」世代充分實現潛力。

那麼，我在Airbnb的遺產是什麼？很巧，我在卸下為期近四年的Airbnb正式員工身分當天，恰逢Airbnb每兩年就在舊金山舉辦的員工聚會。我們都將這場內部傳愛的盛宴稱為「全體員工會議」。二〇一七年一月十九日是這場為期三天的部落聚會最後一晚，我得到一個機會，可以花二十分鐘對全球二十二間辦公室的三千名同事分享離別感言。我們這家公司僅花四年就立下這番成就，四年前我們才僅有四百名員工。

布萊恩介紹我出場，情深意切地表達我對他這位領導者的影響；似乎自從我加入後，我們就開始一路壯大，布萊恩自己更是蛻變成熟。接著他請我上台，結果台下爆出如雷般的掌聲把我驚呆了。由於當下我的心情洋溢滿滿的感動，於是拋開原先寫好的講詞，一開口就引述黎巴嫩詩人卡里・紀伯倫（Kahlil Gibran）在著作《先知》（The Prophet）的名言：工作就是愛的體現（Work is love made visible）。當時，我感覺到一股壓倒性的責任要為長者發聲，於是我談起我們「這家有能力的小小科技商」應該要「常保好客、常存溫情」，因為在以數據為中心的矽谷、以交易為重點的線上旅遊產業，好客和溫情才是真正讓我們脫穎而出的關鍵。

好笑的是，我發表的內容好似在畢業演講，但正如當晚布萊恩介紹時所說，我確實是一位即將踏出大門的畢業生。我覺得，發表演講就是接受斜槓樂齡族這個全新學位的完美儀式。

當一名斜槓樂齡族完全就是力行互惠；施與得、教與學、說與聽。每個人都會變老，但不是每個人都能夠好好變老。如果你夠幸運也夠健康，你會先變老，然後你就得努力好好變老。你展閱本書就是在投資你的時間，所以你已經踏出努力好好變老的第一步，同時請張臂擁抱、歡慶自己正朝向斜槓樂齡族之路邁進。

結局往往預示著另一個開始，我僅呈獻以下這首明智的詩作當作最後一份禮物，預祝你的人生展開新頁。

新的開始

在遠離心臟的偏僻角落，
你的思想從未涉足此處，
但起點已然悄悄成形，
一等你準備好就乍然萌現。
長期以來它照看你的願望，
感受你內心的空虛，
注意到你竭盡全力想要奮起，
卻仍然無法離開成年後不再適合的地方。
它看著你和安全的誘惑交手
一切不變的泛白承諾低聲竊語，
聽著騷動的波濤起伏，

——愛爾蘭詩人約翰．奧多諾休（John O'Donohue）

納悶自己一生是否就要這樣過去。
然後，當你點燃勇氣，喜上心頭，
你踏出門外邁進新世界，
活力與夢想讓雙眼再次年輕，
眼前明擺著一條多采多姿的道路。
雖然你的目的地還不清楚
但可以相信這道承諾是開放選項；
敞開自己迎向恩典的開始
它與你的人生願望一致。
喚醒你的精神去探險；
不要回頭，學會在冒險中放輕鬆；
很快你會踩著新的節奏回家，
因為你的靈魂感知到這個等待你的世界。

附錄

一、人格類型評估工具

這邊的內容可以當作第六章實踐守則部分的參考。

我相信，任何明智的領導者之所以成功，大部分功勞取決於參透人類性格。我綜合整理了一份自覺特別管用的清單，不過，儘管參透人類性格對自我覺察、協作來說異常珍貴，在他人身上貼標籤時請務必斟酌，不要莽撞使用。你或許沒有惡意，但對於被貼標籤的人來說，你在他眼中不過就是個業餘心理學家或萬事通達人，這種局面反倒會減損而非建立信任和理解。

- **邁爾斯．布里格斯類型量表**（Myers-Briggs Type Indicator，MBTI）：對某些人來說，這種心理自我分析帶有些許臨床色彩，不過它或許稱得上是最常獲採用的方法論，坊間有各式各樣的資源與書籍可以幫助你解釋結果。www.myersbriggs.org
- **優勢識別**（Strengthfinders）：湯姆．雷斯（Tom Rath）的暢銷書，最新版本是《尋找優勢2.0》（StrengthsFinder 2.0）。它是民調諮詢機構蓋洛普某些執行專案背後的思想核心，有助個人理解什麼樣的字眼與詞彙最適合描述自己，藉此傳達給他人。
- **霍根評量**（Hogan Assessment）：這套比較深入的性格分析聚焦三大領域：價值觀（領導角色的核心價值觀和激勵動機）、潛能（領導的優勢和能耐）以及挑戰（性格缺陷和基於人格的績效風險）。www.hoganassessments.com
- **四型人格評量**（DISC）：這套評量算是邁爾斯．布里格斯類型量表之外比較受歡迎的評估工具，因為它很簡單，也不具威脅感，特別有助於新團隊用以鼓勵合作。www.discprofile.com
- **顏色密碼**（Color Code）或**性格密碼**（True Colors）：提供五花八門的工具以便提煉出對應人格特質的四種顏色。我個人覺得有點太偏基礎入門，而且比較像是室內遊戲，不過對沒有這方面經驗的人來說，這兩款評量倒是理解各種個性風格的有效方式。www.colorcode.com. www.true-colors.com

- **九型人格心理分析**（Enneagram）：我偏愛這套九型人格心理分析，是因為它不側重分析性格，而是大力著墨基本的潛在影響。雖然 Riso-Hudson 九型人格類型指標量表（Riso-Hudson Enneagram Type Indicator，RHETI）是最廣為周知的工具（www.enneagraminstitute.com），但另有兩套工具更聚焦組織脈絡中的九種人格類型，即職場中的九型人格類型（The Enneagram in Business）：http://theenneagram、九型人格類型全解：https://www.integrative9.com/。

∴二、我的各種十大最愛清單

我希望你將這本書視為未來幾年會一再利用的資源。在下述每一個重點區塊裡，我分別列出自己的十大排名。同時我也希望你能視我為自己的斜槓樂齡族之友，三不五時就會想要尋求一些睿智之語，不管是一句激勵人心的語錄、一本充滿智慧的書籍、一篇見聞廣博的文章、一段簡單易懂的影音、一些化為易讀好懂的部落文、新聞簡報、資源網站，甚至「智慧記分卡」形式呈現的網絡智慧、一些聰明多智的學術報告與資源，以及提供有用服務的大型組織。請視我為你的朋友與「圖書館員」，同時請記得，未來本書推出修訂版時，這份清單也會像我們一樣自我演化，對此我也將永遠開放心胸廣納建言，請不吝來函賜教：

info@wisdom@work.com

名人語錄

有些我最喜歡的名人名句無法套用在本書各章裡，要是它們能另循管道對你有所啟發，我將寬慰不已。我喜歡想像一場銀髮專屬晚宴，座上賓包括美國作家詹姆斯・鮑德溫（James Baldwin）、英國前首相溫斯頓・邱吉爾（Winston Churchill）、國際婦女組織灰豹（Gray Panthers）創辦人瑪姬・昆恩（Maggie Kuhn）、馬克・吐溫（Mark Twain）、美國編劇家莉蓮・海爾曼（Lillian Hellman）與蘇格拉底。那將是一場千載難逢的妙語盛會！倘若我有幸列席，有感而發的情懷你一定也心有戚戚焉：「我的皺紋代表明智的生命之河分支細流；我的魚尾紋體現我所見證、理解的一切；我的抬頭紋代表著已經解決的過往壓力；我的雙頰凹陷意味著我的低潮和贖罪；我的法令紋刻劃這一生中微笑的次數。我的臉布滿歲月走過的痕跡，不是打過肉毒桿菌的蘋果肌。」

一、「任何真正的改變都意味著，一個人長久以來所熟悉的世界就此崩裂、所有曾經賦予他的自我認同瞬時消逝，安全感也跟著蕩然無存。在這一刻，他既看不見也不敢想像，現在會為他帶來什麼樣的未來，只能緊緊抓住自己所知或所想、所有或所能夢想擁有的事物。但是，一個人唯有在能夠毫不感到痛苦或自憐時，放棄自己長期以來珍視的夢想或擁有的特權，他才能獲得追求更遠大夢想、更崇高特權的自由，而且是他放手讓自己獲得自由。」

——詹姆斯．鮑德溫

二、「我們老了以後在許多方面都會比年輕時候更幸福快樂。年輕時放蕩、年老時睿智。」

——溫斯頓．邱吉爾

三、「我們不是『資深公民』或『退休老人』。我們是老一輩，是有經驗的前輩。我們是還在成熟、長大的成年人，為自己在社會上謀得一席之地求生存。我們不是臉上布滿皺紋的小孩，動不動就屈服微不足道、毫無意義的浪費生命之舉。我們是舊時代催生出來的新血輪。」

——瑪姬・昆恩

四、「我是在充分闡釋所謂的晚年，不是容易理解的年老。我的做法多半是思考過去發生的事。因為過去的事發生在先祖、老人家及榮譽之上，我們得把事情想清楚，並學習先人蘊藏的古老智慧。畢竟你無法解決自己根本不理解的問題。這就是我們的目標：悲慟的智慧。且讓我們看看自己是否能夠承受聲響，特別是沒有掌聲的聲響。這是一份送給接受訓練的長者的懇求和計畫。」

——提倡善生、善終的機構孤獨智慧（Orphan Wisdom）創辦人史帝芬・詹金森（Stephen Jenkinson）

五、「隨著時間消逝，畫布上的舊漆有時會變得透明。對某些畫作來說，這種情況發生時，很可能最初的線條會原形畢露：好比畫中女子的裙上浮現一棵樹、一名孩童讓路給一隻狗、在廣闊海域中的大船憑空消失。這種現象稱為原筆畫重現（pentimento），因為畫家中途『懊悔』了，就改變初衷。或許也可以這樣說，舊認知被後來的新選擇取代，是一種先看過一回，稍後再看第二回的做法。這就是我對本書所有角色的設定。畫漆已經老化，我想看看原始的筆觸是什麼，眼前會看到的畫作又是什麼。」

——莉蓮・海爾曼

六、「我喜愛和垂暮老人聊天。他們早我們好幾步走過我們也必將踏上的人生道路。我認為我們真的應該好好向他們請益，這條路該怎麼走。」

——蘇格拉底

七、「當人口統計資料的冷鋒遇上夢想尚待實現的暖鋒時，結果將碰撞出雷暴雨般的強烈決心，就好像這個世界從未見過一般。」

——趨勢作家丹・品克（Dan Pink）

八、「談到我們的發展潛力時，為何我都用動詞『老去』？對我來說，老去是一個指涉過程的詞彙、隱含變化和動作的動詞，而非表示狀態凍結不變的名詞。舉例來說，當我們稱某人是「銀髮族」，這個名詞意指一種靜態、毫無生氣的狀況，就好比有一種狀態叫做『銀髮族』，一旦進入這等境界，所有進一步的有機成長都會停止。但當我指稱某人『老去』，這個『去』字帶有一種成長、演化的感覺、一道擁有無限可能的過程。老去意味著我們主動對老後的命運負起責任，有意識地選擇自己的人生，而非活在社會期望中。」

——猶太智者拉比札爾曼・莎克特・薩羅米與羅納德・S・米勒

九、「一個人只要常懷夢想就永保青春，唯遺憾催人老。」

——美國已故演員約翰・巴利摩（John Barrymore）

十、「勤於工作不感無聊的人永遠不老，值得放手一做的工作與興趣就是最佳抗老劑。」

——帕布羅・卡薩爾斯（Pablo Casals）被視為有史以來最偉大的大提琴家，九十三歲時出版自傳《白鳥之歌》（Joys and Sorrows）

同場加映：第一章開頭沒多久，我就引述葛羅莉亞・史坦能的語錄向她致敬：「某一天我起床後才發現，床上躺著一名七十歲女性。」還有美國金融家伯納德・巴魯克的名言：「對我來說，比我年長十五歲的人才稱得上是老人家。」

書籍

我撰寫本書時做了不少研究，前後幾乎讀過一百五十本書，所以我希望這份清單可以列得更長一點。前四本（編號一至四）為我的一些想法提供堅固的思考架構；中間三本（編號五至七）為預設的樂齡族論述提供一些靈感思想；最後三本（編號八至十）則是精彩絕倫的個人故事，充分彰顯樂齡族在當今世界的價值。

一、《一百歲的人生戰略》（The 100-Year Life: Living and working in an age of longevity）；林達・葛瑞騰、安德魯・史考特著。

二、《大轉變》（The Big Shift: Navigating the New Stage Beyond Midlife）；馬克・傅利曼（Marc Freedman）著。

三、《成年歲月》（The Adult Years），費德利克・M・哈德森（Frederic M. Hudson）著。

四、《第三章》（The Third Chapter: Passion, Risk, and Adventure in the 25 Years After 50），莎拉・勞倫斯－萊富著。

五、《銀髮人生》（Elder: A Spiritual Alternative to Being Elderly），泰瑞・瓊斯（Terry Jones）著。

六、《從老者到智者》（From Age-ing to Sage-ing: A Revolutionary Approach to Growing Older），札爾曼・莎克特・薩羅米、羅納德・S・米勒著。

七、《自觀》（Mentoring: The Tao of Giving and Receiving Wisdom），黃忠良（Chungliang Al Huang）、泰瑞・林區（Jerry Lynch）著。

八、《僧侶與謎語：一個虛擬執行長的創業智慧》（The Monk and the Riddle: The Education of a Silicon Valley Entrepreneur），藍迪・高米沙、坎特・林內貝克（Kent Lineback）著。

九、《重新定義人生下半場》（Life Reimagined : The Science, Art And Opportunity of Midlife），芭芭拉・布萊德里・哈格提（Barbara Bradley Hagerty）著。

十、《新老人》（The New Old Me: My Late-Life Reinvention），梅瑞迪絲・梅琳（Meredith Maran）著。

文章

我加入 Airbnb 一年後，商業雜誌《快企業》寫了一篇記錄我擔任執行長布萊恩導師的回顧文：https://www.fastcompany.com/3027107/punk-meet-rock-airbnb-brian-chesky-chip-conley

結果，來自嬰兒潮世代的電子郵件如雪片般飛來，真是讓我驚呆了。嬰兒潮世代目前正扮演提供千禧世代智言的相近角色。一篇措辭尖刻的文章，有可能是認可和啟發之源。本書有許多部分確實如此大聲疾呼，但我想要強調其中幾篇。

第一篇文章是《快企業》特寫藥廠輝瑞內部資深實習生保羅．克奇洛的長文。你也會在第四章讀到他的部分個人經歷，但是請務必緊盯著網站中段內嵌的短片，你會明白為何資深實習生變得更受歡迎。

第二篇文章是一份實用指南，讓你理解轉換不同產業或跑道最自然的過渡之道。第三篇文章出自婦女運動先驅貝蒂．傅瑞丹之手，值得留意，因為她在一九九三年出版的著作《美好的銀髮歲月：生命之泉》便大聲號召年過半百的族群開創第二春，就像她在一九六三年撰寫的《女性之秘》奠下女性運動的文學催化劑地位一般。這篇文章刊登在《時代》雜誌上，堪稱是《美好的銀髮歲月：生命之泉》熱情洋溢、字字珠璣的梗概。

第四篇文章堪稱大寶庫，富含職場中代際差異的研究報告與參考文獻。第五篇文章借一名律師之口敘述自身善用設計思維，轉換跑道成為糕點大師，然後再搖身一變取得心理學碩士學位的故事。同場加映的文章是《紐約客》（The New Yorker）回顧素有「教練」之稱的比爾．坎貝爾生平，本書第二章略有著墨。

一、〈七十歲退休老翁重返職場充當實習生之因〉；大衛．賽克斯（David Zax）著；刊於二〇一六年九月二十日《快企業》；https://www.fastcompany.com/3062378/senior-citizen-intern#

二、〈轉換跑道不必然難如登天：描繪與當前工作類似的職缺〉；克萊兒．坎恩．米勒（Claire Cain Miller）、卜裘川（Quoctrung Bui）著；刊於二〇一七年七月二十七日《紐約時報》；https://www.nytimes.com/2017/07/27/upshot/switching-careers-is-hard-it-doesnt-have-to-be.html?_r=0

三、〈尋找我的生命之泉〉；貝蒂．傅瑞丹著；刊於一九九三年九月六日《時代》雜誌；http://faculty.randolphcollege.edu/bbullock/pdf/friedan.pdf

四、〈地表最強職場握手、爆紅梗與橋接世代鴻溝術〉；二〇一七年十月六日刊於網路媒體石英職場學（Quartz at Work）的美國保德信（Prudential）專文欄目。

五、〈我用設計思維重新改造個人職涯——我是這樣辦到的〉；寶拉・戴維斯－雷克（Paula Davis-Laack）著；刊於二〇一七年十月十六日《快企業》；https://www.fastcompany.com/40481175/i-used-design-thinking-to-reinvent-my-career-heres-why-it-worked

六、〈我們怎麼定義介於工作與年老之間那段時間？〉；刊於二〇一七年七月六日《經濟學人》；https://www.economist.com/news/leaders/21724814-get-most-out-longer-lives-new-age-category-needed-what-call-time-life

七、〈你不必是大學新鮮人也可以休空檔年〉；馬克・米勒（Mark Miller）著；刊於二〇一七年七月十四日《紐約時報》；https://www.nytimes.com/2017/07/14/your-money/you-dont-have-to-be-college-bound-to-take-a-gap-year.html?smid=fb-share

八、〈科技業殘酷的年齡歧視〉；諾姆・施奈德（Noam Scheider）著；刊於二〇一四年三月二十三日《新共和（New Republic）》；https://newrepublic.com/article/117088/silicons-valleys-brutal-ageism

九、〈一名老人的新科技求生記〉；凱倫・維克爾著；刊於二〇一七年八月二日《連線》；https://www.wired.com/story/surviving-as-an-old-in-the-tech-world

十、〈我要向年紀只有我一半的導師學什麼？可多了。〉；菲利斯・克奇（Phyllis Korkki）著；刊於二〇一六年九月十日《紐約時報》；https://www.nytimes.com/2016/09/11/business/what-could-i-possibly-learn-from-a-mentor-half-my-age.html?emc=eta1&_r=2

同場加映一：〈附錄：比爾・坎貝爾，一九四〇年至二〇一六年〉；肯恩・歐來塔著；刊於二〇一六年四月十九日《紐約客》；http://www.newyorker.com/business/currency/postscript-bill-campbell-1940-2016

同場加映二：〈低失業率療癒美國就業市場的醜陋秘密〉；克雷格・托瑞斯（Craig Torres）、卡塔莉娜・薩萊娃（Catarina Saraiva）著；刊於二〇一七年十一月十四日《彭博》；https://www.bloomberg.com/news/articles/2017-11-15/low-unemployment-healing-u-s-job-market-s-ugly-secret-age-bias

電影

這是一張多元化的電影清單，不過當然是由《高年級實習生》奪冠；其中有三部紀錄片真實刻劃銀髮族在晚年人生找到熱情之所寄：小野二郎（Jiro Ono），他是全世界最盛名遠播的壽司師傅；溫蒂．韋倫（Wendy Whelan），在《不眠不休的溫蒂韋倫》（Restless Creature）裡，她年屆四十七歲，仍是知名芭蕾舞者；還有傳奇爵士音樂家克拉克．泰瑞（Clark Terry），他曾傳授昆西．瓊斯（Quincy Jones）、指導邁爾斯．戴維斯（Miles Davis），在《心靈樂手》（Keep on Keepin' on）裡，還成為二十三歲盲人鋼琴家的良師。請持續關注美國退休人員協會的年度「樂齡電影」（Movies for Grown-Ups）清單，其中也羅列頒獎典禮資訊。

一、《高年級實習生》

二、《壽司之神》（Jiro Dreams of Sushi）

三、《不眠不休的溫蒂韋倫》

四、《心靈樂手》

五、《哈洛與茂德》（Harold and Maude）

六、《金盞花大酒店》（The Best Exotic Marigold Hotel）

七、《班傑明的奇幻旅程》（The Curious Case of Benjamin Button）

八、《心的方向》（About Schmidt）

九、《青春倒退嚕》（While We're Young）

十、《最酷的旅伴》（Faces Places）

影音片段／演講

如果你想看一小段勾勒千禧與嬰兒潮世代鴻溝、讓人捧腹大笑的生動描寫，請看第一支影片。第二支影片也是輕薄短小、引人入勝，因為它抹除我們年紀越大就越聽不進去反饋並自我演化的迷思。第三支到第七支影片都是 TED 大會或 TEDx 計畫的演講。請留意第三與第四支，兩位女性演講人愛胥頓・艾波懷特（Ashton Applewhite）、伊莉莎白・懷特在描繪老齡歧視社會的挑戰時情感激昂、勇敢。

一、〈千禧世代老闆面試嬰兒潮求職者〉（爆笑、簡短！）https://www.youtube.com/

watch?v=Ed-5Zzdbx0E

二、〈自信與改變的意願息息相關〉，出自《哈佛商業評論》https://hbr.org/video/4793534579001/how-confidence-and-willingness-to-change-are-related

三、〈讓我們終結年齡歧視〉，出自愛胥頓・艾波懷特 https://www.ted.com/talks/ashton_applewhite_let_s_end_ageism

四、〈五十五歲，失業族卻假裝一切正常〉，出自伊莉莎白・懷特 https://www.youtube.com/watch?v=hFpQ5N_ttNQ

五、〈選擇有意識的老後〉，出自賴瑞・葛雷（Larry Gray）https://www.youtube.com/watch?v=gDrBtTYJ0G4

六、〈老後議題崛起：新世界時代的黎明〉，出自比爾・湯瑪斯（Bill Thomas）https://www.youtube.com/watch?v=ijbgcX3vIWs/

七、〈我六十六歲去創業〉，出自保羅・泰斯納：https://www.ted.com/talks/paul_tasner_how_i_became_an_entrepreneur_at_66?utm_campaign=social&utm_medium=referral&utm_source=facebook.com&utm_content=talk&utm_term=business

八、〈設計（幾乎）長命百歲的時刻〉，出自約翰・寇爾（John Coyle）；https://www.youtube.com/watch?v=kNhyOYv2ejw

九、〈重新想像退休〉，出自肯戴・可沃（Ken Dychtwald）；https://www.merrilledge.com/article/video-revisioning-retirement-7-life-priorities

十、〈良師十大法則〉，https://www.youtube.com/watch?v=0qAbsgFjRW4

同場加映：你或許記得，二〇〇九年一月，一架搭載一百五十五名乘客的全美航空（US Airways）班機英雄式緊急迫降在紐約市哈德遜河面的真實故事。主角是機長切斯利・伯內特・薩林柏格（Chesley Burnett Sullenberger），親友都喚他薩利（Sully），正是創造哈德遜奇蹟的英雄。這一則激勵人心的故事肯定是危機當前展現莫大勇氣的佳例，但是他的成就來源有個關鍵點鮮為人知。

在壓力罩頂的危機關頭，他同時必須考量各種問題的能力或可解釋成一種大腦現象，即所謂的雙側半球作用（bihemispheric processing）。我在本書第一章提及精神科醫師吉恩・柯翰的研究發現時曾談到這種現象，研究表明，每個人年屆五十歲左右，就會生出一道橋接左、右大腦半球的組織，年長者的大腦運作會因此進入一種「全時四輪傳動」（all-wheel drive）的狀態。

薩利接受電視節目《六十分鐘（60 Minutes）》主持人凱蒂・庫瑞克（Katie Couric）專訪時表示：「我會從方方面面設想，結果是，我這一輩子都在為那個特定時刻做足準備……可以從一個角度來看，四十二年來，我持續在銀行定期小額存入經驗、教育和培訓，直到一月十五日那一天，餘額龐大到我一次領出天價金額也還剩下不少。」

如果你平日總是在為未來做準備，也想感受一下被激勵的痛快感覺，請看這段訪談：https://www.youtube.com/watch?v=rZ5HnyEQg7M。

網路智慧

網路上有超多迷人又有趣的參考資料，實在很難去蕪存菁僅留十則。有關半百過後的人生，下一街（Next Avenue）可能是有趣文章的最佳來源之一；退休職缺（Retirement Jobs）有助你在五十歲以後另謀他職；國際生活與仇老網（Ageist）則是提供各種養眼的人、事、物網站，還能讀到許多五十歲後過得更愜意的美好故事。

一、下一街：http://www.nextavenue.org/

二、退休職缺：http://www.retirementjobs.com/

三、國際生活：https://internationalliving.com/

四、仇老網：http://www.agei.st/

五、美國退休人員協會《50+好好：顛覆年齡新主張》（Disrupt Aging）故事：http://www.aarp.org/disrupt-aging/stories/?intcmp-DISAGING-HDR-STORIES/

六、這張搖椅棒呆了：https://thischairrocks.com/

七、《紐約時報》的「智慧記分卡」：http://www.nytimes.com/ref/magazine/20070430_WISDOM.html

八、輝瑞的「好好變老」：https://www.getold.com/

九、六十歲空檔年：http://gapyearaftersixty.com

十、何時開始享受退休好處：https://www.ssa.gov/pubs/EN-05-10147.pdf

學術研究與資源

我一開始寫作就變成書呆子，會一頭栽入鑽研各種有助創造本書論述基礎的學術報告。這部分的前半區塊涵蓋一些研究，後半區塊則包括些許機構，發表過以長壽與高齡化為主題的最前瞻研究。

一、《在高速環境下迅速做出策略決策》，凱薩琳．艾森豪特（Kathleen M. Eisenhardt）著；《美國管理學會學報》（Academy of Management Journal）於一九八九年九月出版：http://www.edtgestion.hec.ulg.ac.be/upload/qualitatif%20-%20eisenhardt-amj-1989-high%20velocity.pdf）

二、《職場中的年齡偏見：一般成見、仲裁者與未來研究方向》，理查．A．博斯圖瑪（Richard A. Posthuma）、麥克．A．坎皮恩（Michael A. Campion）合著；《管理學報》（Journal of Management）於二〇一七年十月二十六日出版：http://journals.sagepub.com/doi/abs/10.1177/0149206308318617

三、《重新思考專業知識與靈活度之間的得失：一種認知既定觀點》艾瑞克．丹恩著；《美國管理學會評論》（The Academy of Management Review）於二〇一〇年十月出版：http://amr.aom.org/content/35/4/579.short

四、《BMW 規劃高齡勞力之道》大衛・錢皮恩（David Champion）著：二〇〇九年三月十一日刊出：https://hbr.org/2009/03/bmw-and-the-older-worker

五、〈科技業的年齡歧視真相〉；《視者洞察報告》（Visier Insights Report）：https://www.visier.com/wp-content/uploads/2017/09/Visier-Insights-AgeismInTech-Sept2017.pdf

六、大型企業聯合會熟齡員工倡議（The Conference Board Mature Worker Initiative，超多研究報告）：https://www.conference-board.org/matureworker/

七、史丹佛大學長壽中心（Stanford Center for Longevity，超多出版品）：http://longevity.stanford.edu/

八、麻省理工學院老齡實驗室（MIT Age Lab，超多出版品）：http://agelab.mit.edu/

九、《米爾肯研究院未來高齡化中心》（Milken Institute for the Future of Aging，超多出版品）：http://aging.milkeninstitute.org/

十、《全球資深創業家機構》（Global Institute for Experienced Entrepreneurship，超多出版品）：

http://experieneurship.com/

提供服務的組織

這些組織正做出非凡貢獻，但是往往缺乏聚光燈照耀。我特別感謝社企組織安可，它發起一項運動，利用中年以上族群的技能和經驗改善社區與這個世界，經營者馬克·傅利曼一直是我最大的支柱與理性指標，從我對老化一無所知開始循循善誘，直到我變成這個領域的思想領袖之一。他是我的斜槓樂齡族。

一、安可：https://encore.org/

二、橋接職缺：http://www.generations.com/

三、自主高齡中心：www.centerforconsciouseldering.com/

四、退休主管服務隊（Service Corps of Retired Executives；SCORE）：https://www.score.org/

五、職場機會（Opportunity@Work）：http://www.opportunityatwork.org/

六、轉職研究所（Institute for Career Transitions）：http://www.ictransitions.org/

七、嬰兒潮工作族（Boomer Works）：http://boomerworks.org/
八、我的下一季（My Next Season）：https://mynextseason.com/
九、世代聯合（Generations United）：http://www.gu.org/
十、美國退休人員協會：http://www.aarp.org/

三、成為斜槓樂齡族的八大步驟

行動始於個人，當一群各自孤立的個體較勁心靈和思想後，形成一道社會連結時，才能營造出氣勢。這種社會連結將會向外衍生出全新社群與語言，及伴隨新語言而來的力量，足為這個社群另立新名。最終，這個社群將立下解決自身需求的範例，也就是矯正不公不義。婦女、非裔美國人、身障人士和多元性別族群的權利，都是隨這個架構而來，斜槓樂齡族貢獻社會的價值提升，也可能依循同一條路徑。

以下就個人到採取行動階段，僅提供八道確保個人價值看漲的步驟：

一、讀完本書第一遍後，請再重讀第二遍，並將第四至八章提供的練習當作指南，以便充分理解自己是不是適任的斜槓樂齡族。

二、找幾個和你面臨同樣挑戰的朋友成立讀書俱樂部。請開始閱讀、討論本書以及文中提到的書籍，特別是在下羅列於〈附錄〉中的十本書。

三、研讀、深究〈附錄〉列舉在「網路智慧」、「學術研究與資源」與「提供服務的組織」區塊的資源。你也可以同時參考涵蓋在「網路智慧」中《紐約時報》的「智慧記分卡」。

四、在你任職的企業內探索打造員工資源團體智囊團的可能性。正如第九章所提，欲使這類團隊發揮成效，以下作為有其必要：（一）結合智囊團的任務與企業所面臨的挑戰，如此一來，團隊就不會妄自菲薄或感到無足輕重；（二）提供員工實際明確的好處，以便吸引、挽留會員；（三）制定明確的目標與成功定義；（四）納入資深領導者當作發起人，以便展現公司認真看待這項承諾。這支員工資源團隊將讓公司放手實踐十大重要實務，最終成為善待高齡員工的雇主。

五、花點時間檢視我的斜槓樂齡族部落格網站：www.ChipConley.com，也可以在推特上追蹤我，以便隨時掌握斜槓樂齡族的網絡研討會、工作坊聚會和各類活動。

六、考慮加入斜槓樂齡族學院，並／或展開你自己的「空檔年」。

七、如果你加入學院並樂在其中，請考慮成為一位斜槓樂齡族，這樣你就可以協助培訓其他人。成為斜槓樂齡族的唯一條件就是要先從學院畢業。詳情請上斜槓樂齡族學院的網站查詢。

八、深入參與聲勢日強的反高齡歧視運動。請詳閱〈附錄〉中「網路智慧」編號四、五、六的網站：仇老網、美國退休人員協會的《50+好好：顛覆年齡新主張》，與愛胥頓・艾波懷特的「這張搖椅棒呆了」。未來幾年，雖然電視可能不會播出這場運動，但你將在網路上看到相似的網站如雨後春筍般冒出來。我們的力量不僅體現在龐大的斜槓樂齡族人口，更在我們的決心，而且毫無疑問我們其中有許多人的童年根本是在政治活動主義中度過。現在正是我們時隔多年開始重溫抗議標誌、穿上好走鞋履的時刻了。這是「變革的時代」（The Times They are a-Changin'）！*

＊ 譯注：語出民權歌手巴布・狄倫（Bob Dylon）的反戰名曲。

致謝

在我們的有生之年都該結交智友，身為不斷進化的占星家老友史帝芬・佛瑞斯特（Steven Forrest）便是其一，他似乎總是搶在事情發生前早一步知道，我心中正孕育一股全新意念。二〇一二年，史帝芬告訴我得「擁抱你的魔力」，當下聽起來很刺耳，畢竟我已逾半百。哪知，就這麼巧，一年後我一頭栽入年輕人施展手腳的高科技領域。到了二〇一五年，就在我認定自己是 Airbnb 裡的斜槓樂齡族，或是還停留在想像這本書的階段時，他又在我的腦子裡植入另一顆高貴情操的種子，暗示我將會繼續為更廣大群眾提供我的老人家智慧。

常有人將寫書的過程與懷孕相提並論，儘管我身為男人根本毫無資格提出這種比喻。對我而言，我開始感覺到有點不一樣了，幾乎就像是腦子、心裡和肚子都孕育生意；接著是機緣巧合將各行各業的意見領袖帶進我的生活，引領我向前邁進。就這方面而言，在我與老齡化／長壽世界產生任何實質聯繫之前幾年，美國社企老齡化二・〇（Aging 2.0）共同創辦人凱蒂・菲克（Katy Fike）、史蒂文・強斯頓（Stephen Johnston）就邀請我在研討會上發言；在我尚未動筆撰寫著書提案，提倡健全人生的年度峰會智慧二・〇（Wisdom2.0）創辦人索倫・高漢默（Soren Gordhamer）也請我上台演說。有時候外人反而會看到我們自己渾然不覺的特質。這個世界至今仍循循善誘我。

在文學這一行，我在曼哈頓有第一手人脈，亦即經紀人理察・派恩（Richard Pine）。雖然我第一次提出這道想法時，他頗不以為然，但仍像良師一樣要求我理性思辯，並建議我先做好功課。黛博拉・愛曼朵・迪拉羅莎（Debra Amador DeLaRosa）是我的密友、「熱愛故事的園丁」，及理念契合的十多年老夥伴，她帶來自家公關公司的編輯與創意部門團隊協助我催生這本書，以及所有與斜槓樂齡族相關的事務。滿心感謝黛博拉與珍妮佛・瑞瑟（Jennifer Raiser），她們在我目光短淺地對另一組書名執迷不悟時，幫我定下目前這個書名。

當我們完成一份更有看頭的著書提案時，理察便聯絡皇幣（Crown/Currency）出版社的優秀團隊。全體成員讚不絕口，指派泰莉亞・克恩（Talia Krohn）擔任我的編輯，也身兼測試本書預設嬰兒潮／千禧世代為前提的完美隊友。正因為文學界還有「泰莉亞幫」，才有繼續讓出版業扮演重要作用的空間。

她的巧手讓本書加倍出色，皇幣的團隊則堪稱全方位冠軍，也是真正讓人心神愉快的合作夥伴，其中包括副總裁兼發行人蒂娜・康斯坦保（Tina Constable）、副發行人坎貝爾・華頓（Campbell Wharton）、行銷高手妮可・麥卡朵（Nicole McArdle）與宣傳大將歐文・漢尼（Owen Haney）。

我一得到肯定答覆，馬上拜樂齡族／長壽族群的傑出耆老為師，他們不遺餘力指引迷津，包括馬克・富利曼（Marc Freedman）、肯恩・戴特沃德博士（Dr. Ken Dychtwald）、蘿拉・卡斯滕森博士、保羅・厄文（Paul Irving）、艾胥頓・艾波懷特、山下凱斯（Keith Yamashita）、比爾・湯瑪斯博士，以及美國退休人員協會執行長喬・安・詹金斯與她的同事鍾凱倫（Karen Chong）。此外，尚有鮑伯・蘇頓（Bob Sutton）、亞當・格蘭特（Adam Grant）等學者協助指導我爬梳涵蓋職場智慧與代際協作的研究結論。

智慧的一大特徵，即是具備預測我們所做決策將會產生某些成本和附帶好處的能力。我為了這本書花費大量時間訪談將近一百五十人（其中有人甚至多達四次），附帶好處卻是我受惠良多，其中許多人的指教都寫在本書中。我想要感謝每一位人士，於是在本書網站的〈致謝〉篇補上一份完整名單，詳情請看www.WisdomAtWorkBook.com。以下是書中提及的大名，我尤表感謝：約翰·Q·史密斯、麥克與黛比·坎貝爾夫妻、路德·北畑、喬安娜·萊利、彼得·肯特、安德魯·史考特、伊麗莎白·懷特、黛安·弗琳、麗茲·魏斯曼、佛瑞德·雷德、保羅·克奇洛、傑克·肯尼（Jack Kenny）、伯特·賈克伯、藍迪·高米沙、瑪莉安娜·露絲雪與凱倫·維克爾。

閱讀過本書初稿與更新版本的男、女讀者超過兩百名，以下列舉人士更是不吝提供彌足珍貴的反饋：卡拉·歐戴爾博士（Dr. Carla O' Dell）、安德魯·格林伯（Andrew Greenberg）、萊絲莉·寇普蘭（Leslie Copeland）與馬克·庫柏（Mark Cooper）、普瑞薩·卡帕博士（Dr. Prasad Kaipa）、艾文·法蘭克（Evan Frank）、德魯·班克斯（Drew Banks）、克雷格·賈克伯（Craig Jacobs）、傑夫·戴維斯（Jeff Davis）、凱倫·曼尼（Kiran Mani）、艾爾發·艾格沃（Alpa Agarwal）、凱薩琳·麥基尼（Katherine Makinney）、尼爾·夏瑪（Neel Sharma）、萊克斯·拜耳（Lex Bayer）、艾倫·韋伯（Alan Webber）、露絲·史特裘（Ruth Stergiou）、馬諦斯·瑙爾（Mattias Knaur）、佛瑞德·麥當勞（Fred MacDonald）、拉哈·艾格沃（Radha Agarwal）、派特·惠尼（Pat Whitty）、艾咪·克緹絲·麥金泰（Amy Curtis

McIntyre）、強納森・米登霍爾（Jonathan Mildenhall）、馬克・列維（Mark Levy）、湯姆・凱利（Tom Kelley）、凱睿・卡本特（Kyrié Carpenter）、珍・布萊克（Jan Black）與傑夫・哈莫伊（Jeff Hamaoui）。

我很感謝妮奇・杜根・波格（Nicki Dugan Pogue）與她的奧咖（OutCast）團隊，主導著品牌行銷策略、網站與公關操作。我也對彼得・賈克伯（Peter Jacobs）及他的創新藝人經紀公司（CAA）常懷感激，他們為我打點演講事宜。要不是有艾莉森・麥康雷（Alison Macondray）、麥特・克拉克（Matt Clark），我的演說就無法引人入勝。

雖然有些話無須多說，但我就是想記錄下來：若非我有幸進入Airbnb歷練，本書無緣付梓。娜塔莉　杜契（Natalie Tucci），妳的直覺異常準確。我身為企業內部的「餐旅服務業大師」，社內首屈一指的創新團隊仍讓我大開眼界，好比戴夫・歐尼爾（Dave O’Neill）、詹娜・庫胥納（Jenna Cushner）、馬可斯・維圖利（Markus Vitulli）、蘿拉・修斯（Laura Hughes）、克萊蒙・馬塞雷（Clement Marcelet）、潔西卡・賽曼（Jessica Semaan）、莉莎・杜伯斯特與莎拉・古瑙（Sarah Goodnow）。我得特別致謝我的行政助理莎拉・尤奇（Sarah Yockey），創辦三人組與最高決策階層為我產出《斜槓樂齡族》的過程中，提供完美的β測試嚴格考驗。大大感謝貝絲・艾瑟羅（Beth Axelrod）、黛絲瑞・梅迪森－畢格、伊麗莎白・波漢能與詹姆斯・林區（James Lynch），協助提供我在動筆與收尾期間的準備工作。

沒有人能真的單打獨鬥，這是我經年累月的職涯迄今最高成就。這一切都源自於巨大的支持網絡，包括佩姬・艾倫特（Peggy Arent）、詹伊・艾馬洛（Zain Elmarouk）、梅美・福克斯（MeiMei Fox）、傅萍（Ping Fu）、班・戴維斯（Ben Davis）、萬達・魏泰克（Wanda Whitaker）、麗莎・基廷（Lisa Keating）、法蘭克・歐斯塔賽斯基（Frank Ostaseski）、蓋布瑞・蓋魯丘（Gabriel Galluccio）與麥克・萊利（Mike Rielly）。我的情感、精神與斜槓樂齡族人生，都是因為凡妮莎・伊恩（Vanessa Inn）提供卓越忠告與支持才能如此圓融完滿，正如她發揮與生俱來的天分，幫了本書第八章的班・戴維斯一把，也在三十年來幫助了幾千名客戶。本書催生出斜槓樂齡族學院，也是在歐倫・布隆斯丹（Oren Bronstein）、索爾・庫柏斯丹（Saul Kuperstein）、卡拉・凱若（Karla Caro）、湯尼・裴瑞塔（Tony Peralta）、巴拉克・蓋恩（Barak Gaon）、琳達・馬龍（Lynda Malone），與我們的迷人總監克里斯汀・史波伯（Christine Sperber）合力之下才得以問世。其中，歐倫・布隆斯丹真可說是人人夢寐以求的人生知己。

過去近二十年來，我的謬思女神、教練與精神姊妹文妲・瑪洛（Vanda Marlow）也一直是我的「奇普提醒友」。有了她的全力支持，我才能成為更好的作家、導師，也自我提升成為更好的人。

雖然我嚐遍的酸甜苦辣有助加料這本書，但若沒有家人支持終究無緣面世。家母法蘭（Fran）、家父史蒂夫（Steve）就是活生生的斜槓樂齡族；舍姊妹凱西（Cathy）、安（Anne）與她們的另一半比爾（Bill）、娜塔麗（Nathalie）及兒女都提供我謙卑的穩定力量，在我的人生多次與斜槓樂齡族反其道而行的時候好意提醒我。我特別要大聲向安致敬，她和我共事二十五年，現在是我的業務經理。若非她一貫穩定在背後支持，我就無法像個旋轉的蘇菲教派僧侶一樣生生不息、匯納百川。

最後是我自己的家庭，包括蘿拉（Laura）與蘇珊（Susan），還有小兒伊萊（Eli）、伊森（Ethan）。我們都想要留下一些遺產，無論是透過兒女、寫書，或以斜槓樂齡族之姿服務全世界。但盼這本書將是我留給伊萊和伊桑的遺產，因為即使再過五十年，他們的年紀都還不及我現在的年歲，他們可以從書中得到訊息：在這個日益多元的社會中，對每個人來說，無論多大年紀，未來都是光明無限。

最後這部分稍微有點難以啟齒。我是想要招認寫書的挑戰和可能性。美國思想家梭羅

（Henry David Thoreau）曾明智地寫下這句話：「做一件事的成本，衡諸於你花了這輩子多少時間完成它。」寫書就會提取成本。當你有過著書經驗，腦中永遠有一道恐懼的聲音如影隨形，質疑你根本還沒寫出個人最佳作品。這是我的第五本書（但如果加計我在史丹佛大學出版的兩本、五十歲時為好友們自費出版的一本，那這本就算第八本），但是我全身上下的細胞都感覺到，這本可能堪稱嘔心瀝血之作，而且或許會產生最持久不墜的影響。如果我說對了，那它就算是另一項明證，我親愛的讀者們，你們人生最燦爛的時光可能就在眼前了。我誠盼如此。

還有，請務必謹記美國大文豪馬克·吐溫的名言：「年齡關乎精神、超越物質。你若不介意，年齡也就不重要。」

國家圖書館出版品預行編目（CIP）資料

除了經驗,我們還剩下什麼? / 奇普.康利(Chip Conley)著；吳慕書譯. -- 初版. -- 臺北市：商周出版：家庭傳媒城邦分公司發行, 2018.10
面； 公分. -- (新商業周刊；BW0690)
譯自：Wisdom at work : the making of a modern elder
ISBN 978-986-477-545-3(平裝)
1.職場成功法 2.生涯規劃
494.35 107016377

BW0690

除了經驗，我們還剩下什麼？

讓資深工作者邁入職涯高原期，仍然維持競爭力的職場智慧

原　書　名／Wisdom at Work: The Making of a Modern Elder
作　　　者／奇普・康利（Chip Conley）
譯　　　者／吳慕書
責 任 編 輯／李皓歆
企 劃 選 書／黃鈺雯
版　　　權／黃淑敏
行 銷 業 務／周佑潔

總　編　輯／陳美靜
總　經　理／彭之琬
發　行　人／何飛鵬
法 律 顧 問／台英國際商務法律事務所　羅明通律師
出　　　版／商周出版
臺北市 104 民生東路二段 141 號 9 樓
電話：(02) 2500-7008　傳真：(02) 2500-7759
E-mail: bwp.service @ cite.com.tw
發　　　行／英屬蓋曼群島商家庭傳媒股份有限公司　城邦分公司
臺北市 104 民生東路二段 141 號 2 樓
讀者服務專線：0800-020-299　24 小時傳真服務：(02) 2517-0999
讀者服務信箱 E-mail: cs@cite.com.tw
劃撥帳號：19833503　戶名：英屬蓋曼群島商家庭傳媒股份有限公司城邦分公司
訂 購 服 務／書虫股份有限公司客服專線：(02) 2500-7718；2500-7719
服務時間：週一至週五上午 09:30-12:00；下午 13:30-17:00
24 小時傳真專線：(02) 2500-1990；2500-1991
劃撥帳號：19863813　戶名：書虫股份有限公司
香港發行所／城邦（香港）出版集團有限公司
香港灣仔駱克道 193 號東超商業中心 1 樓
E-mail: hkcite@biznetvigator.com
電話：(852) 25086231　傳真：(852) 25789337
E-mail：hkcite@biznetvigator.com
馬新發行所／Cite (M) Sdn. Bhd.
41, Jalan Radin Anum, Bandar Baru Sri Petaling, 57000 Kuala Lumpur, Malaysia.
電話：(603) 9057-8822　傳真：(603) 9057-6622　E-mail: cite@cite.com.my

美 術 編 輯／簡至成
封 面 設 計／黃聖文
製 版 印 刷／鴻霖印刷傳媒股份有限公司
總　經　銷／聯合發行股份有限公司　電話：(02) 2917-8022　傳真：(02) 2911-0053
地址：新北市 231 新店區寶橋路 235 巷 6 弄 6 號 2 樓

■ 2018 年 10 月 16 日初版 1 刷

Printed in Taiwan

ISBN 978-986-477-545-3
定價 400 元

城邦讀書花園
www.cite.com.tw